財經企管BCB554

無印良品培育人才祕笈。

內部覓才×職務輪調×終身雇用——創造低離職率的育才法則

松井忠三 著

江裕真 譯

禁止外流
管理支援書
良品計畫公司
※本教材中記載了禁止外流的資訊，使用時請務必多加注意

無印良品有一份內容簡潔的教材，題名為「如何培育部下與員工」，也設有一套能有效推行人事工作的制度。

但是就算把上面這本「管理支援書」（容後詳述）裡頭無印良品特有的部分記得滾瓜爛熟，意義恐怕不大。更何況這是禁止外流的，所以也無法把內容百分之百公開出來。

不過我會在本書中適度介紹其內容，請各位讀者一定要好好體會這些內容背後的理念，再用這些理念幫助自己、幫助部下，乃至於幫助公司。

目次

1 章

透過接連不斷的職務輪調培育人才

2章

訓練新人抗壓性的機制

3章

強化員工設法解決問題的能力

4 章

團隊合作不是靠建立，而是靠培育

5章

激發工作動機的溝通方式

推薦序　是「資源」，更是「資本」——無印流的人才培育法

台灣無印良品總經理　梁益嘉

儘管本書作者松井忠三先生在二〇一五年五月二十日，經由股東大會同意，卸下日本良品計畫會長一職，但是他自二〇〇一年起領導無印良品展開V字型成長的傳奇，至今仍在日本企業界中為人所津津樂道。

能將無印良品從赤字翻轉成黑字固然不易，但後續帶領無印良品持續成長則更是難能可貴。身為零售業之一的無印良品，在持續成長的過程中，若非有足夠數量的成熟人才支持，恐怕不能達到今日的事業規模。本書將帶領大家一窺無印流的人才培育法。

夥伴（即員工，但個人比較喜歡稱之為夥伴）對公司來說，是「資源」還是「資本」？在正式開始閱讀本書之前，希望讀者們能夠先問過自己這個問題的答案。

■把人力當作資源，就會難逃耗竭

我們經常可以看到「人力資源」這樣的語彙，被許多公司行號所使用。但試想，如果把夥伴當作是「資源」看待的話，是否就像地球資源一般，終究會有枯竭的一天？

在大量製造、大量需求的工業時代，當地球資源尚稱豐沛的狀況下，資源被肆無忌憚的大量使用，便宜又實用的工業製品充分滿足市場需求，也帶動了經濟起飛。

這樣的榮景直到發生石油危機後，人類才開使警覺到：當資源受到使用限制時，對於經濟的影響有多大。在這樣的反省下，對於地球資源從大量使用轉變為有效運用，除了努力增加製程效率外，替代資源的開發也不曾間斷。直到今日，地球資源的使用更是進展到「珍惜使用」的階段，然而各項重要天然資源的極限以及供應年數不斷被計算出來，即使有新的替代資源，恐怕也難逃使用殆盡的一天。

在資本主義下，所謂的「資本」，強調的是如何運用資本使其增值，公司藉由經營行為使資本增值，再將增值後的資本分拆，以經營行為繼續增值，使公司達到資本擴大進而永續經營。而將夥伴視為資本，正是希望夥伴的工作能力能夠持續增值，工作發揮空間能夠持續擴大，進而與公司發展永續共進。

■以人為本，才能雙贏成長

日本良品計畫在前會長松井忠三的引領變革之下，一脫過去的框架，從「以人為本」的角度，重新定義公司與夥伴的關係，視夥伴為「資本」，展開育才與選才的業務規劃與實踐。

個人在台灣無印良品的職涯發展是從門市店長做起，中途亦曾歷經過店鋪開發、工程管理等非自身專業或具備相關經驗的職務階段。儘管隔行如隔山，一開始我也是相當緊張，但靠著無印良品特有的業務標準書協助入門，而後自行深究以加強該職務的能力直到嫻熟。這些經歷都為我在之後管理範圍逐漸擴大時，帶來莫大助益。

「逆境帶來成長」，不論對公司經營或個人工作發展都是相當適用的一句箴言。本書提到不同部門間的職務轉換，不僅讓夥伴有更多元的工作發展空間，也是促使夥伴面對逆境的一種方式。其實，將夥伴放在沒有相關經驗的部門，對公司或是夥伴都是一種逆境。要克服逆境，工作能力只能進化，不能退化。然而，一旦跨越逆境，帶來的將會是公司及夥伴的共同成長。

資本主義下的現代企業講究如何運用資本以追求永續經營，本書提倡「將夥伴視為資本」的人才培育思考與實踐方式，對於希望能進一步昇華「資源」成為「資本」的企業來說，可謂最佳參考。

前言　殘酷的戰場才能讓人成長

常有人問我：「為什麼無印良品的員工都不會離職？」

確實，我們員工留在公司服務的年資，每年都在增加。

雖然公司在二〇〇一年經營狀況惡化時，不斷有人離職，我們也曾經有過人手不足的慘痛經驗。但現在的無印良品，已經是一家經營狀況十分穩定的企業，甚至還能在「最想打工的品牌企業」票選活動中榮登第二名（資料來源：日本二〇一三年「最受打工族歡迎的品牌企業」排行榜）。

為什麼無印良品是一家讓員工想要一直待下去的公司？主要原因有三：

(1) 很多人是因為喜歡無印良品這個品牌而進入公司

對很多員工而言，與其說他們「熱愛公司」，不如說是「熱愛品牌」。因為他們對無印良品那些簡約又實用的商品愛不釋手，所以也會對自己的工作感到自豪。

(2) 我們會從內部覓才，將悉心培育出來的人起用為正職員工

關於內部覓才，後面我會再詳細介紹。簡單來說，就是從分店挑選出有能力的打工者，並起用為正職員工的一種制度。這些成為內部覓才對象的員工，不折不扣就是「生在無印，長在無印」，全身上下裡外，都深深浸淫了無印良品的哲學與理念。

(3) 我們認真打造一個讓員工感覺值得在此工作的職場

無印良品致力推行「終身雇用＋實力主義」制度。雖然與終身雇用制度式微的時代潮流相悖，但無法保證終身雇用，員工就無法安心工作。

此外，若提及「如何讓員工感覺值得在此工作」，就必須談到「如何逐步培育人才」，而這正是本書主旨。在前作《無印良品成功90％靠制度》裡頭，主要是介紹無印良品的指導手冊與制度，但這次我打算要公開無印良品自成一格的人事制度，以及如何培育人才的技巧。

在無印良品，我們不僅是培育人才，而是「培育人」。公司全體上下都具有「一起培育人」的共識，認真的程度與別人截然不同。

我從不認為員工是公司的資源，反而認為他們是資本。

假如用「人才」來描述，會給人一種「員工純粹只是材料」的感覺。就好像公司只是把員工當成是資源，利用他們來賺錢而已，一旦消耗殆盡，就再換一批新的進來。

但如果公司把員工當成是資本，他們就會變成經營事業不可或缺的寶貴泉源。我們非得好好照顧他們、好好保護他們不可。

員工不是老闆的所有物，更確切的說法是，部下不是主管的私有財。關於這點，不少人應該都抱持著錯誤的觀念，所以才會一直讓員工加班，或無視部下的感受，硬是塞給他們不合理的工作。

過去的無印良品，也曾經有過這樣的一面。但現在我們已經逐步脫離那種環境，因此員工的離職率也就逐漸降低。

另外，在培育人的時候，需要讓他們去體驗殘酷的戰場。

最能讓人成長的，當屬逆境。

這話說起來可能會讓人覺得有點老掉牙，但不光是我，那些一直以來克服過諸多逆境的企業領導者，應該也和我抱持著相同的看法。

反之，在安穩的環境中，就難擁有成長的機會。

那樣或許可以培育出公司覺得很好用的「優秀上班族」，這些人會絞盡腦汁調整工作內容、維持現狀，也很善於察言觀色。但是，這種員工能讓公司變得強大嗎？答案再清楚不過。

如果把問題改成：「這種環境能讓員工成長嗎？」答案也是一樣的。在安穩舒適的環境中，就沒有必要構思有別於現況的想法，遇到問題時，也就缺乏擺脫逆境、突破困局的能力。

有鑑於此，在無印良品，我們會刻意安排員工去面對一些較難克服的阻礙。其中最具代表性的例子，就是人事制度裡的職務輪調（第一章會詳細介紹）。

無印良品的職務輪調，與一般企業相比，完全是兩碼事。簡單來說，我們的異動大膽而積極。把資深員工丟到他完全沒有任何經驗的部門裡，在無印良品是很理所當然的做法。由於他必須從零開始去挑戰新的工作，所以就算是資深員工，也非得像新進員工一樣，耗費心力學習不可。我們認為，這樣才能讓人持續成長下去。

過去也曾有不少企業推行過這樣的方式，卻沒有成為既定的做法。如何才能把人培育好？關鍵在於自己是否已經掌握了培育人的祕訣。

而秘訣在於，培育別人，也等於培育自己。假如無法順利培育別人，問題或許是出在自己身上。

本書適合企業經營者或管理者等領導階層閱讀，自然不在話下；但是只要你在公司擁有一名後輩或部下，本書的內容應該也會對你有所幫助。然而，不僅僅是工作場所，即便是在家裡、在學校，或者其他你所感興趣的地方，在各式各樣的環境下都可以培育人。

當你在為如何培育人而苦惱時，也正是提升自己的好機會。本書若能讓你因此成長，將會是我的榮幸。

松井忠三

序章

讓員工感覺值得在此工作

面對未來企業間日漸白熱化的競爭，或是進軍海外時身處於愈來愈嚴酷的市場環境中，抗壓性差的人將無法存活；但是抗壓性強的人，則無論在什麼時代、什麼環境下，都同樣能夠存活。

讓人成長的公司就叫好公司

「具備什麼樣的條件才叫好公司？」

每當有人問我這樣的問題，我的答案之一會是「**員工不離職的公司**」。

這當然不是「強迫他們留下來做事，不許他們離職」的意思。公司如果能夠讓員工開開心心願意繼續任職，不想離職，對企業經營者來說，應該是最理想的狀況吧。

所謂「員工不離職」的公司，易言之，就是「值得在此工作」的公司。從過去、現在乃至於未來，我們一直都在努力摸索，如何成為這樣的公司。

所謂的「值得」，不光是看金錢而已。

我的看法是，在每天的工作中，只要能贏得讚賞而體會到成就感，只要能感覺到自己的成長，只要可以創造出成果，即使內心因故而動搖，都還能產生一股踏實的感覺，這份工作就算是值得。

或許各位會覺得我講的只是華而不實的夢想而已，但如果真有企業能夠做到這一點，它的業績一定會很好，公司也一定會很有發展。

我在《無印良品成功90％靠制度》中，曾提到過我們公司實現V字型復甦時的情形。

位於V字型底部時，員工都無精打采，公司內瀰漫著一股令人如坐針氈的氛圍。即使是我們建立各種機制、公司漸漸出現復甦徵兆後，內部還是有不少人抱持著反彈的態度。那時的他們，會講出「我很喜歡無印良品，但很討厭良品計畫」之類的話。

簡單講就是，雖然他們喜歡無印良品這個品牌，卻不喜歡公司的體制。伴隨著改革而來的痛苦，對他們來說畢竟是一種衝擊。

無論什麼企業，總會有浮浮沉沉的時候，也會有好的一面與壞的一面，不可能百分之百讓人滿意。

目前在無印良品擔任核心成員的這批員工，大半都歷經過公司的浮沉。雖然在公司沉到谷底時有不少員工離開，但還是有許多員工，陪伴著無印良品走過重新站起來的這條路。

如今三十多、四十多歲的這些員工，在十三年前公司低迷時，為何沒有選擇跳槽，而是繼續為公司服務呢？每個人的理由或許不盡相同，但最大的原因，我想應該不外乎是「想繼續和現在的夥伴共事」，或是「這家公司能夠讓我發揮自身所長」之類的理由。最後，他們選擇了與無印良品一起持續成長下去。

一直以來，為建立一個讓員工能夠實現自我的工作環境，我們花了許多心力，而員工也十分配合。大家都經常磨練自己，抱持著「無論面對何種景況，都會不屈不撓」的堅強意志，與周遭成員通力合作，在工作中逐步創造出成果。

我個人的感覺是，無印良品的員工已經變得十分強韌，到了前所未有的水準。

雖然這不能光用數字來衡量，但請各位看看最近的離職率做為參考。

無印良品總公司員工的離職率，在最近五年內都維持在百分之五以下。約莫十年前左右，離職率還曾經超過百分之十，之後每年離職率都有下降的傾向。相較於批發業及零售業的平均離職率百分之十四・四（根據厚生勞動省二〇一二年的雇用動向調查），我們算是很低的。

再看看打工族與兼差族等兼職員工的離職率也一樣。約莫十年前左右，

離職率演變

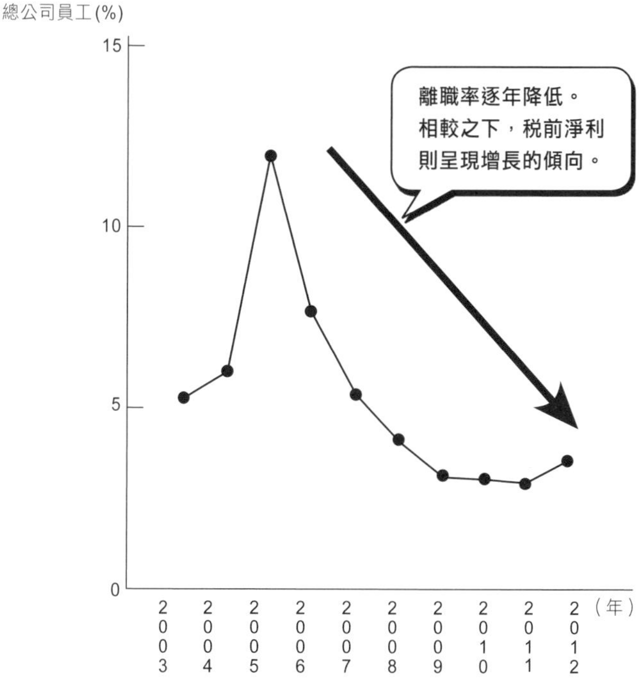

總公司員工	5.2	6.0	12.2	7.8	5.4	4.1	3.3	3.2	3.0	3.6	(%)
兼職員工	33	38	33	46	40	34	24	25	24	26	(%)

我們以建立讓員工感覺值得在此工作的職場為目標。在認真執行之下，使得離職率逐年降低。

都還在百分之三十至百分之四十之譜，最近五、六年則是下滑到百分之二十左右。

離職率很低，可以看成是對公司滿意度很高的表徵之一。

坊間有一個名為「最佳職場研究所日本分公司」（Great Place to Work® Institute Japan）的研究機構，每一年都會舉辦「最值得在這家企業工作」的排名。這項調查是把問卷發送給各企業的員工，針對信賴、尊重、公正、自豪、向心力等五項因素所做的評判。由於各企業的人事部門或管理團隊都無法接觸到問卷內容，因此可藉以得知純粹由員工給與的企業評價。

在這項排行榜中，良品計畫在二〇一二年排名第二十五，二〇一三年排名第二十一，一直都維持在前三十名以內；而在二〇一四年更是上升到第十五名。對此我有很深的感慨。我們一直以來都力求成為一家讓員工覺得「值得在此工作」的公司，現在終於漸漸有了一些成果。對我來說，最開心的莫過於能得到這樣的結果。

即便如此，我並無意向那些在目前的工作中，找不到成就感的朋友們，喊出「請你們到無印良品來」之類的話。

就算不在無印良品工作，只要調整自己的心態，我認為還是能夠在目前的工作中，找到值得一做的價值。本書除了要介紹無印良品如何培育人才外，也希望能探討一下企業員工要如何才能成長、如何才能在工作中找到成就感。

最好置身於逆境之中

「與自己意願相違背的職務異動，導致工作動機下滑。」「公司突然把自己派駐到海外，或是把自己調動到出乎意料的部門去，內心既感不安，又覺不滿。」應該有不少上班族，都曾經有過這樣的體驗吧？

我自己也是這樣。大學剛畢業時進入西友，四十歲就被公司調派到當時規模還很小的無印良品來。或許這樣的異動實際上是一種降級也說不定。

不光是我自己，一直以來，我看過不少人在出人頭地的競爭中敗北，或是因為什麼事情犯了錯，而遭到降級的命運。

遭到降級之後，一般人的反應可以分為兩類。

第一類是繼續努力做事的一群，他們雖然為降級而備受打擊，但還是在新天地裡努力創造出成果。

另一類是不斷自暴自棄下去的一群，他們一直都在怨恨周遭的人。以我的感覺，學歷愈高的人愈容易成為後者。他們未能重新振作起來，就算離開組織，在下一份工作中，心態也往往繼續受到影響而表現低迷，形成一種惡性循環。

也因為我看過許多這樣的人，自從我被調到無印良品後，就下定「公司給我什麼任務，我就好好把它完成」的決定。結果，幾年後當高層詢問被外派過來的人要不要回西友時，有很多人都選擇回去，我卻選擇留在無印良品。

不過要如何才能讓自己成長呢？

有些人或許會去考證照，或是去商學院上課；但在這類地方學到的知識或技能，能夠帶來的成長有限，因為它們並未伴隨著親身體驗。

在考駕照的時候，我們會在駕訓班學習各種理論，也學習基本的駕駛技術，但實際上真正熟練開車技巧，卻是得等拿到駕照，自己上路之後才開始的，對吧？最近雖然出現一種讓人模擬如何「駕駛」的裝置，但與其靠它，還不如實際開車上路，體會一下差點引發事故，讓人直冒冷汗的經驗，會有用一百倍。

說起來或許有些老掉牙，但要想自我成長，**「置身於逆境之中」的效果最好**。

現在，能讓我們體驗逆境的場合已經愈來愈少了。大學進入有考必上的時代，大多數學校所實施的教育，也都避免讓學生過度競爭。就算出了社會，也有愈來愈多的企業，出於「現在年輕人易感挫折」這樣的心態，在教育員工時，小心不要讓他們犯錯。

這麼一來，一旦員工犯了大錯，或是被牽扯到什麼麻煩之中，三兩下就會一蹶不振。面對未來企業間日漸白熱化的競爭，或是進軍海外時身處於愈來愈嚴酷的市場環境中，抗壓性差的人將無法存活；但是抗壓性強的人，則無論在什麼時代、什麼環境下，都同樣能夠存活。只是時至今日，假如我們不主動去找尋這類的場合，來考驗自己的抗壓性，或許很難得到這樣的體驗。

因此，在無印良品，不時會大膽調動員工的職務。

有時候，我們甚至會讓銷售部門與管理部門的幹部彼此對調。當下我們是不容許員工再多說什麼的，雖然他們經常會傳來「第一線很混亂」之類的意見，表達出他們的困惑，但我們都不予理會。

此外，新進員工我們會先分派到門市去，經過半年左右的時間，也可能又再調派到其他分店去。對新進員工來說，半年是他們總算漸漸習慣工作與環境的時候，卻又要異動，或許會因而感到不安。

派駐海外一事也一樣，差不多都是以「請你一個月後到中國去」之類的命令，要員工說去就去。當事人可能自接到命令起，才開始忙著學外語，或是找尋派駐地的住所。雖然無印良品店內陳列的商品，給人一種柔和的感覺，但公司內部環境卻出乎外界意料的嚴酷。

許多員工，在歷經這樣的體驗後，抗壓性都慢慢變高。此外還有另一個變化：無論面對何種場面，一旦他們調整好心態，就會相信事情一定能夠解決，他們身上的引擎，也會自然而然發動起來。

根據Recruit Works研究所的「二〇一〇年工作者調查」，只有區區三成的人回答「最近的職務異動是基於自己的希望」；有七成的人，都是在自己並不期盼的單位做事。

在各位當中，應該有很多人，也是在有違自己意願的地點工作。但是這其實是很美好的一件事。請各位不要追尋能夠舒舒服服做事的工作場所，而是要自己去適應目前的環境與工作，並創造出成果；相反的，假如現在的工作地點讓你覺得十分舒適，那就要小心了。因為這會讓你產生怠慢的心態，也會摧毀正在成長的嫩芽。

假如最近你覺得自己已經不太想要挑戰新事物，我建議你刻意前往未曾體驗過的環境。向公司申請職務異動，是一個方法；開發新的往來對象，也是一種挑戰。**我們不能滿足於手上握有的牌，應該要再為自己增加新的籌碼，否則能力只會不斷變差而已。**

培育「生在無印，長在無印」的員工

在無印良品，基本上並不會突然讓公司外面的人空降進來。就算是接收跳槽而來的同仁，每年也只有兩、三個人左右。

不過，無印良品的離職率畢竟不是零。只要有人辭職，空出來的位置就非得有人補上不可。這時無印良品會實施「內部覓才」。

所謂內部覓才，指的是把兼職員工拔擢為正職員工；而所謂兼職員工，就是在門市的打工族或兼差族。每週工作二十八小時以上的人，我們就會和他簽定兼職員工契約，未來也幫他準備了逐步升為約聘員工、正職員工的升遷管道。內部覓才就是由總公司起用這種出身自兼職員工的同仁。

內部覓才時，我們不會去管性別、學歷或年齡，而是會針對靠實力晉升到目前地位的人，給與公正的評價。

其實，最近幾年，我們內部覓才的人數，已經超過了招聘社會新鮮人的人數。

這是因為，**生在無印、長在無印的兼職員工當中，優秀的人才變多了**。

在無印良品，任何分派到門市工作的人，都會依照「MUJIGRAM」這本工作手冊接受指導。我已經在上一本書中介紹過MUJIGRAM，它和一般的工作指導手冊是不同的。它並非從上而下編製，而是由在第一線工作的員工，蒐集顧客的期望之後，再整理成手冊。而且它不是編好了就不再更動，每個月還是會逐步更新內容。所以只要經過幾年的時間，內容就變得大不相同。

在無印良品，舉凡服飾商品疊放、商品上架，或是店內打掃與庫存管理，所有作業都有它的目的與意義，沒有任何一項是「漫無目的」的。MUJIGRAM的特點在於，在教導員工如何作業前，會先告知他們作業的目的。

讓員工知道作業的目的，也等於是透過第一線作業，把無印良品的理念與哲學教導給他們。透過一項項的作業，在我們把無印良品的思維教導給員工的過程中，也慢慢讓員工沉浸在公司的理念與哲學裡。我們就是這樣逐步培育出「生在無印，長在無印」的員工。

或許有人會因此提出質疑：「雖然你這麼說，但是把有門市工作經驗的人分派到總公司去，工作內容豈不是截然不同嗎？」

基本上，在無印良品，唯有在門市當過店長的人，才能成為總公司的員工。而且**店長不單單是純粹掛名好聽而已，他還必須擁有身為經營者的技能與自覺**，我們會透過ＭＵＪＩＧＲＡＭ等方式教育他做到這點。

除了理所當然要具備關於商品的知識外，店長還必須懂得與店面相關的各種業務，像是與門市店員溝通、財會等管理金錢的知識、庫存管理、店面宣傳等等。此外，發生問題時，他們必須站在第一線解決問題；訂定營收目標，也是身為「經營者」的店長該做的工作。擔任分店店長的過程，**就能養成諸如此類企業經營者般的眼界**。在這之後，我們才會把他調回總公司。

例如，總公司的商品開發工作，乍看之下與門市沒什麼關係；但事實並非如此。每天在門市接待顧客的「前店長」，相較之下應該更為熟知顧客的需求。人事工作上也是一樣，由於前店長在門市有過招聘打工族或兼差族的經驗，理當也該培養出看人的眼光與培育員工的能力。

也就是說，透過門市工作的經驗，某種程度上可以學到身為無印良品的員工所需要的各種能力。若為跳槽而來的員工，就不容易具備這樣的能力。

追根究柢，**如果企圖以增加人力的方法解決人事問題，只會削弱公司的體質而已**。

例如，假設公司的營收成長了一成，由於員工的工作量也增加，就打算增加一成的人力——似乎很多公司都會有諸如此類的想法，但這麼做的風險其實很高。

假如在這樣的想法下，不斷增加人力，業績暢旺時倒還好，但是當業績惡化時，人事成本一下子就會成了沉重的負擔。不光是不動產的投資應該慎重其事，對於過度投資人力，或過度擴編之類的做法，都應該慎重其事。

根據我的經驗法則，轉職而來的員工都有一種傾向，他們多半在幾年後就會離職。以前我們公司曾起用了幾名轉職而來的財會人員，短期內工作狀況還算平順，但後來就被人力派遣公司給挖角了。由於還有其他員工在同一時期離職，又剛好是財報結算前不久，當時造成公司內部很大的混亂。

我在那時深切感受到：「假如只懂得用錢吸引人才，未來別人也會用錢把他們挖走。」只要公司是肩負在一群對於無印良品這個組織的企業文化知之甚詳的人身上，方向就不會走偏。為此，上上策還是在於花時間培育生在無印、長在無印的員工。

推行「終身雇用＋實力主義」制度

無印良品追求終身雇用制度。聽到這件事，或許有人會產生誤解，以為無印良品是個抱殘守缺的組織。正確來說，我們追求的是**「建立足以精準評鑑員工實力的制度，並藉由終身雇用，為員工創造一個能確保生活穩定的環境」**。

泡沫經濟破滅後，終身雇用制給人的印象變差，但這是因為和依年資敘薪的「年功序列制」綁在一起使然。就算缺乏實力，只要在公司的年資夠長，就能出人頭地——問題就出在這種無法讓大家公平競爭的制度上。

我認為，提供員工一個能夠安安心心工作到退休為止的環境，是很重要的。假如做不到這一點，恐怕無法培養員工對工作的熱情，以及熱愛公司的精神。薪資也是，如果缺少一個或多或少調漲一些的機制，畢竟還是難以讓員工產生「很值得在這裡工作」的想法。

根據二〇一二年由獨立行政法人「勞動政策研究暨進修機構」舉辦的問卷調查，支持終身雇用的人所占的比例，創下有史以來的最高紀錄，達百分之八十七．五——約有九成的上班族，都希望在目前服務的企業中持續工作到退休為止。

這年頭，大家都只關注所謂的「血汗企業」❶。日本有九十二家大企業，他們那些進公司已經三年的社會新鮮人都沒有離職，創下令人自豪的百分之百留職率。這件事卻幾乎沒有成為話題。電力瓦斯業、建築業及海運業等產業，也都有許多一等的「白色企業」❷。

亦即我們可以說，多數年輕人並沒有想著工作三年就要辭職。每個人其實都很希望前往能夠從社會新鮮人一直做到退休的企業。無論對勞工或對

---

❶ 指剝削或壓榨員工，勞動環境惡劣的企業。
❷ 因為福利佳、待遇好或工作環境佳等因素，而深受員工喜愛，離職率低的企業。

雇主來說，終身雇用制都是最佳選擇。只不過非得把依年資敘薪的制度排除掉不可。

若放眼世界，也幾乎沒有企業是連白領階級的員工也都採終身雇用制的。海外企業一般都依職務給薪，也就是依照「工作內容」敘薪。因此，無論你年資多少，年長或年輕，都與薪水無關。大家為了提升自己的薪資，都竭力學習與工作，像是晚上還固定到學校上課、考取證照等等。就是因為這樣，海外白領階級的生產力才會那麼高。

相較之下，日本企業是依職能給薪，也就是一種依照「工作能力」給薪的機制。由於在日本大家都認為「工作年資愈長，能力就愈好」，因此變成和依年資敘薪的制度有所牽扯。

外界之所以覺得日本白領階級的生產力很低，是因為員工就算缺乏能力，公司還是自動會幫你加薪──制度上就是這樣。但隨著泡沫經濟破滅，依年資敘薪的制度也走到了盡頭，以歐美式依職務給薪的制度為基礎的成果主義，也進入了日本企業。

但遺憾的是，如此傳入日本的「歐美式成果主義」，對多數企業來說，卻成了一劑猛藥。

許多年輕人對於企業導入成果主義都感到欣喜，認為「這樣的話，我就能靠實力贏得好評價了」。然而，許多資深員工，也都因為無法再順理成章升遷，而感到焦急。

這時會發生什麼事呢？主管為提升自己的評價，不再教導部下，甚至於有人針對自己不喜歡的部下，故意把評鑑打低。許多企業將因此變得動盪不定，因為可能會出現「大家因為害怕失敗，便淨挑一些毫不困難的事情做」之類的情形。

我的看法是，歐美式的成果主義，並不適用於日本。

由於日本都是靠團隊合作完成工作，不適合實施這種「和隔壁同事互為敵手」的成果主義。歐美原本就以個人主義為常態，實施成果主義的成效自然就會很好。

純粹流行的東西，畢竟缺乏實際性。假如只因為許多企業都導入，就趕流行跟進，應該會嘗到很慘痛的經驗。

其實，無印良品也曾一度導入成果主義。

但激烈的成果主義，卻會削弱對企業來說最為重要的「一起做事」與「彼此合作」等力量。無印良品想要打造的，是一個透過團隊合作共同創造業績，大家彼此互助的環境。

於是，我們建立了一個既保有協調性，又能好好評鑑個人實力的制度。例如，在評鑑的內容中，也針對部門整體打分數。對於成績優異的部門，也會依照成績高低分配獎金。另外在銷售部門，為了讓全店上下人員都能齊心提升顧客評價，也在成員的個人目標當中，增加了針對顧客評價的項目。在小團體活動「ＷＨ運動」（後續會談到）中，我們也逐步建立起讓人事部、銷售部與系統部得以團結一致，實現「薪資條無紙化」目標的企業文化。

雖然實施終身雇用，卻不是依年資敘薪；雖然看重實力，卻不是歐美式的成果主義。這是無印良品的雇用體制，我們也藉以打造出讓人不想離職的公司。我想，這樣的做法才適於日本企業。我希望一些未能徹底排除依年資敘薪的企業，或是未能好好評鑑員工實力的企業，都能參考一下我們的做法。

1 章

透過接連不斷的職務輪調培育人才

員工必須既是專才，也是通才。不過，通才如果只具備廣泛而粗淺的知識或技能，是不管用的。理想的通才應該養成兩種左右的工作知識與技能，再針對它們分別提高專業程度。

人才培育有八成取決於異動

一般企業的職務異動，似乎比較會出現如下的傾向：

- 未來儲備幹部的異動一定有其意義。例如，只會安排營業部精英到營業相關的單位累積經驗。
- 主管會調走自己不喜歡的部下。
- 優秀的部下就算自己提出異動，主管也不會答應。
- 會把員工調到人手不足的單位去。但因為不願意釋出優秀員工，就算要派人過去，也是挑不會造成影響的人選。
- 進公司的前幾年或許會被輪調到不同單位去，但之後幾乎就是固定待在某個單位。
- 希望某個員工自請離職，就把他調去做閒差。
- 為了懲罰當事人而進行異動。

相較之下，無印良品的異動是這樣的：

- 異動會尊重當事人的意願。
- 多半是三至五年輪調一次。
- 通常會被調到截然不同的部門。例如，把銷售部員工調到商品開發部或物流部門。
- 不拘泥於年齡，重要職務一樣會交給年輕人。
- 問題較大的部門會派精英進駐。
- 會派部門主管到剛起步的領域去。
- 有完備的人事異動制度，不會受到主管個人情感左右（容後詳述）。
- 沒有懲罰性的異動。而且無印良品內部本來就沒有閒差。

為何無印良品內部要做這樣的職務輪調呢？那是因為，人才培育的工作有八成取決於異動。只要能實現適才適所，員工就能大幅成長。

在早先的年代裡，企業重視的是「財會工作一做就三十年」之類，長期專攻某一領域的經歷。但現在的時代已經不同，企業得決定一個員工是要讓他成為擁有各種領域知識與能力的通才，還是要讓他成為精通於某個領域的專才。

我的看法是，員工必須既是專才，也是通才。不過，通才如果只具備廣泛而粗淺的知識或技能，是不管用的。**理想的通才應該養成兩種左右的工作知識與技能，再針對它們分別提高專業程度。**

只深入探究單一領域的知識與技能的專才，乍看之下讓人覺得很厲害，但是容易只從自己部門的角度看事情。這種人會變成只求局部最適的員工。

我經常會用到「局部最適」與「整體最適」這兩個說法。

簡單講，只追求局部利益就叫局部最適；會通盤考量整體利益就叫整體最適。就算把許多的局部最適累積起來，也不保證就能實現整體最適。如果連局部最適都做不到，那自然無成長可言；唯有實現整體最適，才可能創造出真正出色的成果。企業的各個部門或團隊，在採取行動時，必須無時無刻考量到整體最適。

而要想培養整體最適的眼光，需要的是「從多種角度看事情」。

假如透過職務異動而轉移到其他部門，就得到了從外部角度觀察原本所屬部門的機會。

例如，銷售部或許會有人抱持著「還不是因為我商品賣得好，公司才有今天」的心態。但這是從單方面看事情才產生的想法。如果沒有商品部的存在，哪裡能開發出商品讓你賣？如果沒有品管部門的活躍，怎麼能保障製造出來的商品有好品質？

雖然這樣的觀點再理所當然不過，但一個人如果長期都在組織裡的某個部門工作，也會漸漸失去這樣的見地。在這種狀況下，就算再怎麼口頭要求員工「要從整體最適的角度看事情」也沒有用。透過異動變換工作環境，才是最有成效的解決之道。

無印良品希望任何員工只要進公司，就一直做到退休。為培育生在無印、長在無印的員工，這樣的原則很重要。

當然，每個員工的能力都不同。但一個人就算在目前的單位表現不盡理想，到其他單位依然可能有突出的表現。企業不該摧毀這種尚待開發的可能性；再說，導引員工發揮潛能，本來就是企業該做的。

只要能善用異動，則任何員工都是可造之才，也都能長久為公司做事。到頭來，無論對員工或企業來說，異動都同樣大有好處。

透過不斷輪調培育人才的五個理由

有關於「異動＝學會從新角度看待事情的機會」這件事，我們再試著多探討一下。

無印良品的職務異動，一大特徵在於，會在三到五年這樣的短期間內就更換工作崗位。

三到五年剛好是大略熟悉工作內容的階段，應該正是創造出不錯成果、得以發揮自己的工作方式與個性的時期。假如在這時又異動到不同單位去，等於非得從零開始從頭學起。

對這名員工來說，這是一種損失嗎？答案是否定的。非但不是損失，還能促成他成長。接連不斷的輪派，對每位企業成員來說都大有好處。

(1) 可確實提升能力、豐富資歷

與其在同一個領域中累積經驗，還不如多方面體驗，會更利於提升能力及豐富資歷。與其考證照或參加研討會，接受職務異動反而會是在職涯中往上爬的最好機會。透過輪調到不同部門體驗不同工作，反而更能提升自己的專業能力。

例如同樣是銷售部，但現在已經不屬於過去那個只要拚命賣商品就行的時代了。現在的銷售部需要的是如何陳列、如何待客、如何包裝等諸多知識與技術。

若能把當事人從銷售部調到宣傳促銷室，接著就也能讓他學習策略性銷售的手法。或者，就算調到物流這種完全不同層面的單位，搞不好也有助於從「該如何使公司的物流升級，才能讓顧客開心，又減少門市作業」這樣的角度切入問題，並著手改善。

不消說，**經歷過各種經驗的員工，自然比只待過一個單位的員工要強**。

(2) 維持挑戰精神

為了讓自己持續成長下去，經常挑戰新事物是最適切的方法。

人一旦長期待在相同環境中，很難不習以為常，失去挑戰的精神，也會變得比較保守。這麼一來，不管主管再怎麼鼓勵他們「要更加冒險進取一點」，他們還是不會付諸行動。

但若能在職務異動下轉換到新環境，自然而然就得到了挑戰的機會。或者說，會變成非得挑戰不可。這樣子，就能一直維持新鮮的感受了。

至於一直以來得到的經驗，倒不是完全派不上用場。只要把目前為止的經驗值和新領域的挑戰融合起來，應該可以養成可觀的實力。

(3) 擴增多樣化的人際網

如果在同一單位待太久，很容易變成平常都只和同單位的同事往來。大家會變成總是聊同樣的話，總是做同樣的工作，沒有發展性可言。

若能輪調到其他單位，就能和其他單位的人展開新的往來。如果再和先前單位的同事們保持關係，公司內部的交流就慢慢增加，可藉以提升團結力與團隊合作。

而且，若能建立橫向的聯繫網絡，應該可以形成可觀的資訊網。只要和其他部門之間的資訊交換變得熱絡，工作也會變得更加容易推動。

(4) 促進對他人立場的理解

「試著站在別人的立場想想看」這句話，大家應該從小就耳熟能詳。

即便如此，就算有人要你「想想別人的感受」，因為每個人的立場和成長環境都截然不同，要理解別人的想法，畢竟不是一件簡單的事。

但若能因為職務異動而到其他單位去，就能體驗到不同於前的立場與環境。等到自己有了經驗，自然就能理解別人的立場。

例如銷售部關心的事，與商品部關心的事截然不同。在很多企業裡，銷售部想的是「都是因為商品部做不出暢銷商品，是他們的錯」；商品部想的卻是「我們的商品明明很棒，是銷售部的銷售技巧太差」。

這不是誰對誰錯的問題。只要能理解每個單位都會因為立場或環境的不同而有不同看法，商品部或許就會有新的想法：「我們來做一些讓銷售部想要積極推銷的商品吧。」銷售部也或許會有新的想法：「商品部開發的商品很棒，我們應該試著改變銷售方式。」

要想理解別人的想法，最有效果的方法就是「試著站在對方的立場」，也就是實際去體驗一下對方的辛苦與對方的做法。

(5) 拓展眼界

要想拓展眼界，嘗試各種經驗是最好的。透過輪調，應該能夠得到許多令自己耳目一新的經驗，像是不斷有新的發現，或是體認到一些在先前的單位中理所當然的事，但是在別的單位就不是那麼回事。

眼界拓展後，若能理解不是只用一種角度看待事物，而是有各種不同角度存在，就會變得容易理解別人的意見。

而且，眼界拓展後，眼前的選擇也變多了。同樣處理一件事，就會變得可以考慮到許多層面。一旦判斷事情的素材變多，就能更確實、更迅速的做出判斷。

或許有人會覺得，職務異動都是由公司決定，自己沒有決定權。確實，當員工提出異動請求時，公司不見得會認可。但自己如果有想做的工作，並且持續向公司傳達這樣的意願，我認為也很重要。

或許，也可以自己創造出有如輪調般的情境。例如可自己安排能夠和其他單位的人積極交流的場合。很多時候，從其他單位得到的資訊，往往都能活用在自己的工作中。或者也可以參加跨產業交流會之類的活動，和其他產業的人交流，也會是很好的刺激。

不要凡事都覺得和自己無關而排斥，應該試著**把每件事都想像成是自己的事**。光是透過「假如我是銷售部的課長」、「假如由我負責開發商品」之類的想像，模擬一下職務異動後的情境，想法就會變得不一樣。

或者也可以再把這樣的想法應用到「假如我是企業經營者」、「假如我是部長」，試著當當想像中的社長、想像中的部長，也不錯。

只要經常訓練自己從別的角度看待事情，也能達到有如輪調般的效果。

良好的溝通環境由此而生

上述所提，並非是一般的異動，而是接連不斷的職務輪調。這對組織來說也有許多好處。這裡講的「組織」不光指「企業」，也適用於「部門」或是「團隊」。

假設你身為主管，在培育人才時，必須在短期間內就把部下培育成具有能夠獨當一面的能力，確實有它相當辛苦的一面。但反過來說，**就算是耗費十年悉心培育的部下，也無法保證他必能成為公司的戰力**。如果讓部下長期做著不適合自己的工作，無論對他本人或對周遭來說，都不是件好事。若能在短期內釐清員工是不是一位能夠在該單位活躍的人才，對他本人來說應該也是好事。

最重要的是，**接連不斷的職務輪調，可以讓組織擁有良好的溝通環境**。資訊可以在各個單位間共享，一旦發生什麼問題，也能自然而然傳達給高層知道。

無印良品的員工都會熱絡的和其他部門溝通。假如和自己待過的單位還有聯繫，一旦想得知某個案子目前推得如何時，就能馬上找人確認。這會讓每個人不再只考量到自己單位或團隊的利益，也會考量到其他團隊的立場。**一旦橫向的聯繫強化，科層式社會的排他氛圍就會消失，大家的向心力也會逐漸變強**。假如平常就與其他部門保持溝通，遇到所有部門一起開會時，大家的討論也自然就會很熱絡。更何況，由於好消息與壞消息都無所遁形，一旦犯錯或碰到問題，也就沒有人會試圖掩蓋了。

員工一旦出現特別照顧特定往來廠商，或是利用與自己個性契合的主管，以獲取好處之類的行為，企業就會一步一步衰退下去。但只要內部通風良好，就不會發生這類欠缺分寸的情形。

此外，員工一旦出現為其他團隊的成果開心、或想要協助其他團隊的心情，這樣的組織會是最強的。如果只想到自己單位或團隊的利益而私藏資訊，組織的通風就會變差。當員工只想到自己團隊的利益，會變成只看團隊領導人的意思辦事。

追隨團隊領導人固然重要，但不假思索就深信不疑，是很危險的。許多企業就是這樣陷入派系鬥爭當中，使得體質逐漸弱化下去。

要想斬斷這種超出必要程度的緊密關係，輪調是適切手段。

建立靈活異動的根基

有人批評，公務員不該每兩三年就進行職務異動。他們提出的弊病包括：職務負責人沒多久就調走，很難釐清責任，而且可能會對工作缺乏責任感等等。

之所以會變成短期輪調，原本的原因是，公務員一旦在同單位長期服務，就容易和往來的民間企業之間太過親近。這樣的想法很正確，我也認為只要實施得宜，確實能夠促成組織的透明化。

二〇〇〇年代時，曾流行過「工作輪調」，不少企業開始每隔兩三年就把員工輪調到各種單位去。但真正堅定實施此一制度的企業，少之又少。短期的異動，對於當事人原本的單位與新單位來說，都會造成工作效率下滑、第一線混亂的情形。加上由於是在總算熟悉工作內容時就異動，當事人的專業知識與技能，也都尚未提升至較高的層次。

要克服這樣的缺點，實現策略性的輪調，就不能只是把人搬來搬去而已，必須先建立好足以實施靈活異動的根基。

職務輪調之所以成效不彰，可能的原因有二。

其一，實力主義的思維，在企業內部尚不普及。

其二，企業內部的工作標準尚未明文化或共享。

反過來說，只要做到這兩點，應當就能去除工作輪調的弊病。

我在上一本書中曾提到，無印良品有兩種指導手冊，一種是門市用的「ＭＵＪＩＧＲＡＭ」，另一種是總公司用的「業務標準書」。厚達數千頁的龐大指導手冊中，將作業內容寫得十分詳盡。無論發到哪個部門的哪個人手上，他都能在當天就學會如何做事。因為所有部門的工作項目，已經全都寫到指導手冊裡了。

在此容我再稍微介紹一下指導手冊，同時也確認它與「接連不斷的職務輪調」之間的關聯。

首先，只要讀過這兩本指導手冊，相對上會比較快在工作上「獨當一面」。也因為這樣，就算部門裡有人突然離開，第一線的成員同樣能把工作做好，不會產生混亂。要交接工作也會很順暢。

此外，ＭＵＪＩＧＲＡＭ與業務標準書的存在，也可以防止「因人設事」。一旦工作內容為「人」而設計，這個人恐怕就會把工作當成不許別人插手的私有財產一樣。這麼一來，等到這個人離開後，其他人會變成對這項工作完全沒有概念。

我認為，任何業務項目都能寫進指導手冊中；我也認為，所有人的技術與知識，都應該和大家分享。也就是**應該「因事設人」**。

假如缺少像MUJIGRAM或業務標準書這種由全體員工共享的指導手冊，可能就很難實施接連不斷的輪調了。

再者，全體共享的指導手冊，對於那些希望女性員工長期留下來服務的企業而言，也是不可或缺的。無印良品容許員工可請長達兩年的育兒假。育兒假結束後，員工回到公司，馬上能融入第一線做事，背後的原因在於我們擁有MUJIGRAM與業務標準書這兩套指導手冊。回到工作崗位後，有什麼事不懂時，假如非得一一詢問周遭的同事，可能會覺得很不好意思。周遭的同事也非得為此中斷自己的工作，對雙方來說都是負擔。

但若有指導手冊可讀，這問題就迎刃而解了。而且，就算有員工休育兒假，因為有指導手冊在，第一線也不會出亂子。自從建立這套機制後，就算是位居高職的女性員工，也不會那麼抗拒休育兒假了。還有女性同仁是休完育兒假回來才升職的。在我們培育「生在無印，長在無印」的員工的過程中，指導手冊也扮演了一定的角色。

或許有人會質疑，業務一旦經過「標準化」，會不會讓員工的專業性無法提升？而且也會給人一種印象：員工似乎會跟著失去進取心、個性以及創造力。但因為MUJIGRAM與業務標準書都是不斷在更新，它的內容隨時都能符合社會潮流。也因為員工每天都重新審視自己的工作，還是能夠激發進取心與創造力。

其實，指導手冊只是基本，每個人必須據此思考，要如何將其應用在每天的工作中，工作才能推動下去。雖然有了指導手冊，任何員工的工作表現都能在較早的時點就到達一定水準，但接下來如何成長與發展，就要看每個人自己的實力了。

在傳統的日本演藝圈裡，有一種叫做「型」的規矩，它規範了基本的表演元素。缺乏「型」的人，稱之為「無型」。一旦缺乏基本功，終究還是談不上應用。這意思是，無論異動到哪個單位去，只要學會基本作業，要怎麼應用，都不是問題。

等到學會應用之後，專業性就能再提升。正因為已將業務內容標準化，才能再連結到專業性上。

公平公開挑選接班人

人才培育對企業而言是最重要的策略課題。

企業多半都會讓人事部負責安排人事的主要工作。但這麼做，將無「人事策略」可言。要實現策略性的人事運用，有兩個方法。

一個方法是由企業高層主導，另一個方法是由人事部的幹部，與會長、社長等企業高層緊密連繫，再根據企業的未來發展方向以及高層的意向打造人事制度。

無印良品也一樣，光靠人事部很難建立起有策略性可言的人事制度，因此我們設計了**「人才委員會」**與**「人才培育委員會」**這兩個組織。

無印良品的人才培育，分為三個層次（參60頁圖表）：

第一個層次是，透過ＭＵＪＩＧＲＡＭ與業務標準書的「手冊培育」。

第二個層次是，讓人才能夠適才適所而配置的組織「人才委員會」。

第三個層次是，構思人才培育計畫的組織「人才培育委員會」。

由於有這三大法寶，我們才能建立起讓生在無印、長在無印的員工得以在此工作到退休的環境。其中，「手冊培育」已在我上一本著作中說明過，若各位有興趣，不妨請參考看看。

那就先來介紹「第二個層次」的人才委員會。

一言以蔽之，人才委員會是一個負責培育管理人才的組織。

會設立人才委員會，是為了展示我們的決心：我們不打算從公司外部獵取優秀人才進公司當幹部，而是要集中心力在公司內部逐步培養出管理人才。

對於生在無印、長在無印的員工來說，成為管理人才也可以說是到達了某種境界。

假如我們突然讓從外面找來的人當幹部，他們的部下或許士氣就會因此下滑。很多企業經營者都以「因為我們公司沒有優秀員工」，做為這種人事安排的理由。但以我之見，這樣的狀況，問題並不在員工身上，而在於經營團隊身上，因為他們並未為公司培育出適合當幹部的人。

這些經營者，一直以來是否曾經讓員工到第一線接受磨練，讓他們養成實力，給他們機會成長？

一般日本企業，要當到幹部等級，或是進一步要當上社長，多半都是大學畢業，走「精英路線」的人。那麼，無印良品的現任社長金井政明，又是如何呢？

他自高中畢業後，就進入長野的西友Store服務。在那裡，他是商品部的採購員。後來在無印良品開始討論要進軍甲信越地方❶時，他被外派過去加入無印良品。在無印良品，他起初以家庭用品課的課長身分嶄露頭角，在我擔任社長時，他是常務。他和我一起造訪全國的分店，與第一線員工建立起互信關係。等到他成為社長後，也依舊貫徹第一線主義。

無印良品的「實力主義」，不只是口頭講講而已。一個員工就算現在只是在門市打工，只要他有實力，還是可能成為經營者。這條道路是為任何人敞開的。

在人才委員會裡，公司的會長、社長、董事，乃至於部門主管等執行幹部，會共同討論經營者與接班人的準備狀況。這個委員會的目的，就是要討論誰能夠成為候補幹部，或是何種教育才能逐步培育出候補幹部。

人事安排的公平性與透明度是很重要的。

身為直屬主管，自然會有一種「只想強力推薦自己部下」的傾向。

但這時候，委員會的其他成員，就會提出一些客觀意見，像是：「不不不，由他來擔任這職務，會不會還太早了些？」在如此討論下去的過程中，大家的意見就會慢慢有交集。

由於是大家都能認同的評鑑結果，等到某位員工成為幹部時，就不再會有人面有難色，覺得「為何由他來當部長」了。

因此，出人頭地的不會是受到特定主管喜愛的部下。現在或許還有一些企業內部，還存在著依照畢業學校的不同，而各據一方的學校派別色彩；

❶指日本古區域劃分中的甲斐、信濃與越後三個州；約莫相當於現在的山梨、長野與新潟三個縣。

無印良品培育人才的「三個層次」

人才培育委員會
「提升專業度」
利用全公司上下的智慧，
建立機制與思維
人才委員會
「培育的主要操盤者」
從全公司的最適與培育角度，
適才適所的配置人才
利用業務標準書培育
「MUJIGRAM」
「總公司業務標準書」
規劃員工「培育」以及「教育訓練」計畫的組織。作者曾擔任委員長。
為好好培育出經營者與接班人而構思人才應如何配置的組織。

從全公司的角度培育內部最重要的人才，讓同仁的生產力與成就感雙雙提升。

但若能透過人才委員會彼此討論，也能夠防止諸如此類的集團出現。

這才是真正能落實實力主義，並且公開公正的挑選接班人的機制。

我認為，現在的日本之所以失去活力，正是因為失去了公開公平的特質。如果一個人就算拚命工作，依然還是那些掌握既得利益者獨占好處，這個社會也依然還是對有靠山的人有利，會失去幹勁也是理所當然的。

不要只是口頭說明什麼才是正確的，唯有伴隨著行動，周遭的人也才可能相信你，進而想要跟隨你。

適才適所的五格分級表

人才委員會在挑選接班人的候補人選時，會使用的其中一種工具，就是「五格分級表」。

這是我們參考奇異電氣在培育接班人時使用的工具，所設計出來的。奇異與無印良品一樣，並不是由創辦人家族一直擔任公司的高層。我直覺認為，要想為這種每隔幾年高層就會換人的企業培育接班人，五格分級表會是最適切的工具。

自那時起，我們就展開了每天摸索著要如何在無印良品運用五格分級表的日子。只要是課長以上的人才，都是候補人選，都要劃分到這五格之中，列出名字來。

正如其名稱所示，五格分級表上，總共分為五格（參64頁圖表）：

I 關鍵人才庫——明日領導人

II 高績效員工

III 嶄露頭角的人才——次世代

IV 主力成員——表現穩定的員工

V 差評——協助改善或予以輪調

I是「關鍵人才庫」，列的是實力已經高到足以隨時成為領導者的人才。例如假設公司的專務出了什麼事故，而無法上班的話，就從列在I這一格的員工當中挑選候補人選。

但這一格當中未必永遠都有候補人選存在。有時候，也會有無人列入I的情形出現。這時，我們會培育II或III的人才，力求讓他們進入I。

我的理想是，員工只要有百分之十至十五進入I，就算是及格了。

II是「高績效員工」，指的是創造出色的績效、能夠在部長一職上充分發揮本事，但是要進入I當高階幹部卻又有點不足的人。

III是「嶄露頭角的人才」，列在這一格的人，會是未來的高階幹部候補人選，他們有機會進入I，且絕大多數都當了課長。他們或許現在還年輕，但若能以課長身分創造出色績效，加上公司培育又很順利的話，就可以期待他們成為部長、經理，乃至於董事之職。

IV是「主力成員」，一言以蔽之，就是安安分分做事的人才。人才有六成都屬於這一類。他們固然缺乏特別的領導能力，卻能夠好好完成職務。對公司來說，主力成員也很重要。

V是「差評」，指的是領導能力與工作能力都差強人意，未能有所發揮的員工。

I到IV都算是及格，但列在V員工，公司會視為問題。只是一兩次倒還

實現適才適所的「五格分級表」

績效 \ 潛力	及格	高
高	II 高績效員工 10%~15%	I 關鍵人才庫 明日領導人 10%~15%
及格	IV 主力成員 表現穩定的員工 50~70%	III 嶄露頭角的人才 次世代 10%~15%
	V 差評 協助改善或予以輪調 10%	

就算高層換人，仍可確保與公司需求及個人需求相連動的接班人。

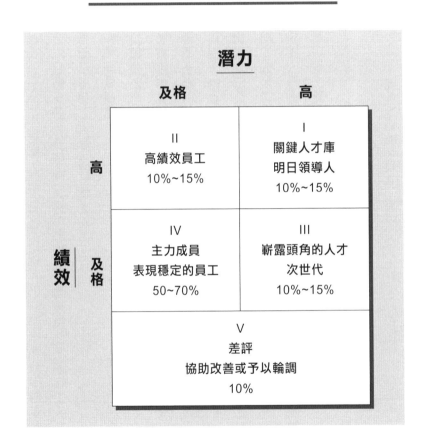

好，但如果老被列在V，我們就非得做出「這個人缺乏領導素質」的判斷了。過去有不少人都列在V裡頭，最近則幾乎沒有。

人才委員會每年開會兩次，時間都在定期輪調的兩個月之前。**之所以要每半年舉辦一次，是因為公司對於人才的需求，會配合社會的變化，也跟著無時無刻在變化；再者，員工本身的需求，也同樣無時無刻都在變化**。所以若能每半年檢討與調整一次，就能隨時為因應全公司的需求與個人需求，準備好與之連動的接班人。

人才委員會希望藉此實現的效果，有點像是企業創辦人，想要讓新進員工在最適於的職務經驗下，一直做到退休為止。良品計畫公司的高層固然會像接力賽一樣，由這一棒換到下一棒，但由於全體高階幹部都會一起討論職務輪調，因此在安排異動時，還是能夠貫徹「求取整體最適」的精神。

不過五格分級表對人事評鑑並無強制性，也不充當評鑑時的判斷資訊。由於它只是用來列出幹部的候補人選、為培育方針訂定標準之用的工具，不能直接連結到評鑑制度上。因此，I與V的員工，不能有薪水上的差異，也不能讓當事人知道，他名列哪一格之中。

此外，到目前為止，還沒有任何人在名列五格分級表的某一格之後，就一直維持不變的。我們每半年就會重新審視一次，所以變動還是會有的。

假如原本列入V的候補人選，在被調派到新單位後，發揮了超越以往的能力，便也可能改列為I或III。反之，原本列在I或III的候補人選，假如被調派到新單位後未能創造預期中的成果，也可能改列入IV或V。但因為挑選的方法已經明文化，就不會因為主管的個人情感，或是因為員工暫時出現亮眼成果，導致評價偏高或偏低了。

而主管異動後，繼任的主管對於候補人選的評價也會改變，所以長時間觀測是很重要的。

評鑑時要屏除個人情感

人都有好惡的情感，而且再怎麼努力都無法徹底避掉。

例如，歐陸國家由於都有鄰國，因此經常會發生一些利害衝突的情形。

「鄰國不可能成為打從心底信賴的知己」就成了外交的前提。從這種角度來看，日本以外的國家，在溝通時，似乎都會以「人本來就無法相互了解」這樣的認知做為出發點。

就算不是國與國之間的關係，鄰居與鄰居之間也會發生糾紛，婆媳之間的問題更不是光靠說理就能解決的。因此我們在經營組織或團隊時，勢必得以「不可能所有人之間都能彼此保持良好關係」為前提。

以前在無印良品，曾有一個表現優秀的店長，卻把當時門市所有員工全數開除。工作能力愈高的人，愈有這種想要藉由恐怖統治，好乾淨俐落的把不服從自己的人全都排除掉的傾向。

那麼，假如店長只找對自己言聽計從的人當店員，是否就能順利經營門市？

雖然短期的業績或許會變好，但如果之後進店的員工，在個性上與店長或是那群對他逢迎拍馬的人不合的話，還是會馬上離職吧。到頭來，會變成一家員工做不久的店，業績便會慢慢惡化。

不光店面如此，企業的所有部門與團隊，可以說也是一樣。**假如無法設**

計出一套把個人情感阻絕在外的機制，人在做判斷時，說什麼都會受到自己的好惡所影響。

無印良品也和其他企業一樣，由直屬主管評鑑部下的表現。常見的狀況是：主管會對自己不喜歡的部下給與不適任的評鑑結果。這或許是身為人所無法避免的情感。那麼這種時候，要怎麼處理才好呢？

把評鑑結果較差的部下調派到其他單位去接受判斷，是很重要的方法。或許這個人到了其他主管那裡，就能生龍活虎的做事，並發揮能力也說不定。假如異動到其他單位後，評鑑成果依然不佳，這時才需要討論「該名員工的能力」。

反之，主管對於自己特別喜愛的部下，也可能一直都打高分。這或許是出於該名主管「自己人當然比較優秀」的心態使然。但終究還是得把當事人調派到其他單位去，好好檢視一下他的能力是否真的那麼出色。

無論如何，都應該**避免「只在一個單位接受評鑑」**，**以及「只接受一個人評鑑」的情形**。這麼做可能會毀掉一個真正有能力的人才，或者也可能反倒不小心把缺乏能力的人送上升遷的道路。

此外，主管們在評鑑部下時，基本上有人的標準鬆，有人的標準嚴。這個主管可能只打A或B，那個主管可能就只打B或C兩種成績。

在無印良品，對於評鑑的結果，會由「G5（部長）判定會」做最後的修正。這個小組也和人才委員會一樣，由全體幹部和受評人面談，然後確認主管的評分，如果標準太鬆或太嚴，就請該名主管予以修正。由於每半年就會評鑑一次，只要每次都不斷提醒主管，他們打的分數就會漸漸貼近常態分配。

也就是說，**負責評鑑別人的人，也同樣需要接受訓練**。

假如不這麼做，主管就會一直根據部下與自己的個性相契或是不合，做為打分數的依據。這種狀況若置之不理，就會變成一家永遠無法把「過鬆或過嚴」調整過來的公司。而依我之見，調整不來的公司，它的體質就強韌不起來，將無法長久存活下去。

另外，在使用前述的五格分級表挑選接班人時，我們也會搭配「卡立帕潛能報告」（Caliper Potential Report）與「個人檔案」等工具。

卡立帕潛能報告是一種性向的判斷。

報告中分為領導力、人際關係、問題解決暨決策，以及自我管理暨時間管理等四大類潛能，繼而再細分為「社交性強或疑心重」、「有彈性或行事慎重」等細項。它是採一問一答的形式逐步回答下去，如此可以突顯出當事人的潛在個性。

無印良品會在員工進公司第二到第三年時，讓他們接受這樣的測驗。不過，只測一次而已，因為我們認為，**人的根本個性，是無法透過教育改變的**。就算十年、十五年後再度接受同樣的測驗，結果也絕大多數不會改變，所以只測一次。

即便如此，我們並未把這項測驗的結果當成看待一切事情的判斷標準。「這個員工缺乏社交性，讓他去做行政工作吧。」假如我們把測驗報告拿來這樣用，就會很危險。掌握員工的個性固然重要，但人的績效會因為各式各樣的理由而改變。因此，主管的評價以及公司內部的資歷，反而會是更為重要的參考指標。

個人檔案則是有如履歷般的東西，內容寫有員工至今在公司內的經歷，包括公司內資歷、歷年人事評鑑成績，以及行為評量等等。

用這兩種工具搭配主管提出的評鑑結果，就能從多個層面評鑑人才了。在這種做法下，主管就無法只讓自己偏愛的部下升官，或是在自己不喜歡的部下就要出人頭地時，予以打壓。

若以部門或團隊來看，可以說也同樣是如此。

就算要求主管「務必對所有部下都做出公正的評判」，但只要他們不是聖人，就很難不摻雜私情在內。與其努力提高主管的人性，還不如建立能夠客觀評判的機制，反倒更能夠讓評鑑結果公正，不是嗎？

或許只是一時失意

「2：6：2法則」相當有名。在部門或團隊的層次也一樣，一定有人屬於「2」的部分。多數企業，應該都為了該如何培育最底層那「2」的員工而感到煩惱。

但如果直接把這樣的員工當成「缺乏工作能力」而捨棄不管，問題還是沒有解決。

這樣的問題，同樣可以透過職務輪調得到某種程度的解決。

在無印良品，我們會把評鑑成績低的員工異動到其他單位去。因為，**可能不是他本人能力的問題，而是因為他和直屬主管之間相處不來，才會變成無法發揮實力。**

例如，假設某個主管很神經質，對部下總是下達極為瑣碎的指示。假如一個喜歡依照自己的步調獨立行事的人，成為這種主管的部下，雙方恐怕就會出現對立。這麼一來，主管會以嚴格的標準評鑑這名部下，分數搞不好會打C或D。

如果放任這對主管與部下不管，就算這名部下的能力出眾，得到的評價還是很低。假如不把他調到願意給他好評價的主管麾下做事，他就沒有發展可言了。事實上，有些人被調派到新單位後，很快就發揮出他的實力。

雖然問題大部分都能透過職務異動解決，但還是有些員工，不管輪調幾次，不管經過幾年，得到的評價一樣還是很低。

這種狀況下，也只好判斷是員工本人的問題了。看是要降薪，或是如果他有主管職的話，也可以考慮降級。

因此還是有員工就算已升到課長以上的職位，又降回基層的例子。假如不這麼做，公司將無法建立一個能夠給與有實力的員工高評價的機制。

人生只有一次，有時候，這樣的員工或許考慮改走無印良品以外的「其他道路」會比較好。並非所有員工都能夠與無印良品的方針相契合，或許這樣的人到其他產業或其他企業去，反而更能發揮他的能力。當然，假如他還是想在無印良品工作，我們會安排適切的工作環境給他。

不過，我希望各位看到這裡不要誤會。到最後真的做出降級之類的結論之前，得花上好幾年的時間。由於異動後一年左右才會評鑑他的工作表現，我們不會隨隨便便就在員工身上留下「缺乏工作能力」的印記。

在部門或團隊內部，異動可以是促使問題得到解決的一種方式。

一個人就算在某個團隊裡沒有發揮實力，進到別的團隊後，工作可能就會有成果。我認為，領導人就是該扮演這樣的角色，為每位員工找出能夠適才適所的職務。

就算無法成為領導階級的員工，對公司來說同樣很重要。因為他們發揮了有如城牆般撐起公司的功能。

而就算無法成為某個領域的領導者，在天守閣❷裡活躍，同樣也能牢靠的撐起企業的骨架。

這種員工的主管，應該研究一下，看是要讓他在目前的單位繼續向上多提升一些，還是要把他異動到更適於他個性與能力的單位去。也可以考慮利用業務標準書教導他，或是讓他參加教育訓練的課程。

我們的想法是，每當必須有所抉擇時，都要一一做出最好的選擇，好好在公司內部培育人才。

終極的培育機制

接下來要說明無印良品培育人才的第三個層次「人才培育委員會」。

正如其名，人才培育委員會是一個規劃如何「培育」員工的組織。我在裡頭擔任委員長一職。

在很多企業裡，我們常看到一種狀況：連續好幾年，都使用同一套培育計畫。

新進員工的教育訓練也是，我想不少企業的教材應該從來沒變，一直都在實施相同的訓練課程吧。之所以如此，或許是因為把教育訓練的重要性與優先順位看得比較低使然。

然而，**新進員工的教育訓練，其實是最為重要的教育地點**。

假如你是新進員工，面對即將接受的教育訓練，請你把它當成過社會人生活時最重要的第一步。

假如你負責教導新進員工，你應該把新進員工看成是企業的未來，看成是最應該珍惜的重要財產。

只要認真想想，就會發現隨著時代的變化，新進員工的特質也會漸漸改變；身為顧客的消費者需求，也不斷在改變。**企業為了因應此一需求的變化，而調整教育訓練的內容，本來就是理所當然的事**。除了新進員工的教

❷指日本戰國時代，城池境內最高的建築物。

育訓練外，各部門的教育訓練，或是針對中階員工舉辦的教育訓練，也都一樣。這些教育訓練都必須配合企業的策略而調整，因此必然會與人事有所連動。

人才培育委員會每月召開兩次。

每一次的會議中，會由所有部門中的一半員工出席。會議中，由各部門主管發表各部門的人才培育方針，日後再請他們報告其間執行的狀況如何。

培育人才的教育訓練計畫，基本上都由部門主管構思。

一方面也是為了讓部門主管維持「要自己培育部下」的意識，委員會不會向他們下達「我們希望你用這樣的教育訓練計畫培育部下」之類的指示。部門主管必須自己找出該部門待解決的課題，再思考要如何因應。

有時候確實也會請公司外部的講師前來教學，但基本上還是由部門主管等公司內部的成員負責。此外，教育訓練的教材，基本上也都是自行準備。

但因為從零開始編教材很耗心力，我們會請招募公司[3]之類的業者，幫我們編製符合公司需求的教材。

各種教材應有盡有，像是針對公司資歷一兩年員工，實施教育訓練時使用的「管理支援手冊」，或是針對資深員工的「弄懂管理數字的教科書」，乃至於解說貿易機制的教材等等。

直接購買市售教材或許也是一個方法，但它們的內容卻未必符合公司的需求。為了培育「生在公司，長在公司」的員工，若能編製出符合公司發展方向的教材，還是最踏實的。

例如，我們的服飾部門，過去曾訂定為期一年的教育訓練計畫，找外部講師前來講授有關用線與布料產地的知識，或是參觀工廠等等，只要上過該課程，就能完全學到身為服飾專員所必須具備的所有知識。

生活雜貨部門則舉辦「觀察」的教育訓練課程。課程的內容是，大家前往顧客家裡叨擾，參觀一下他們的生活環境，以此做為找尋開發商品時的參考線索。

在這門課程前往顧客家參觀浴室時，某位成員察覺到：「許多家庭使用的洗髮精或潤絲精的瓶子，絕大多數都是圓滑的形狀，不過外型與大小都

---

❸日本人力銀行通稱。

各不相同。」

他們還發現「櫥子的角落是四方形的，所以四方形的瓶身是否會比較好整理？」以及「容器如果用透明的，不是比較容易看到內容物嗎？」後來，根據現場的參觀結果，無印良品便開發出四四方方、補充用的透明瓶身。

食品部門執行的是與一流廚師合作開發商品的教育訓練計畫。一面和一流廚師一起製作義大利麵醬或咖哩等料理，一面設想有什麼食物可以發展為商品。

重點在於，要實施這種能夠與實務相結合的教育訓練計畫。否則，就不能算是在教導員工。只要上課的學員知道學這東西對於工作有幫助，就會積極接受訓練了。

假如你覺得「我們部門的部下老是沒什麼長進」或是「我們團隊的部下能力好差」之類的想法，或許是你的教導方式不對。

如果光靠每天在工作中教導，能夠教給員工的事情依然有限。但如果教的東西不符第一線所需，也是在浪費時間。說真的，在安排員工的教育訓練時，應該思考得更周延一些。

推動跨產業交流會

「只要做好本分就好，不必去管外面的世界」這種邏輯，是一種會帶來衰退的邏輯。為了不讓員工或部下成為井底之蛙，必須讓他們認識外面的世界。當然，這話也適用於自己。

因此，無印良品的人才培育委員會，設計了一些課程，找來伊藤園、佳能電子等來自不同產業的企業，舉辦演講或討論會。有時候是找企業經營者等級的人來演講，有時則是找部長級的人來和大家談話。

例如，我們請波路夢（Bourbon）集團的社長吉田康先生前來演講時，他的許多發言，也讓我獲益良多。

「別用合作的，要自己做。」

「我討厭集中與選擇，要對所有事都保持關心。」

「想前往目的地，就要懂得繞路，不惜多用點心思。」

這樣的談話內容，不是讓人產生共鳴就是讓人感嘆，給了同仁們很好的刺激。

我們還擴增了與不同產業交流的場合，衍生出「跨產業交流工作坊」。一般常見的跨產業交流會，多半採用「開趴，大家談笑幾小時後就鳥獸散」的形式。就算彼此交換了名片，一來很少對工作有幫助，二來在那樣的場合中認識的人，也很少會持有我們所需要的資訊。

我們想辦的不是這種成果差強人意的交流，而是在交流結束後，還能繼續往來，彼此交換對工作有幫助的資訊。

跨產業交流工作坊分三次實施，每次兩天一夜，總計六天的時間。雖然稱為工作坊，但因為外宿一晚，或許比較近似於集訓的感覺。

由於是不同產業的交流，因此不是只有無印良品的員工而已，還有十七、八家左右的企業也派了員工一起參加。

至今參加過的包括佳能電子、文具業者Kokuyo、流行服飾業者思夢樂、超市業者成城石井，以及汽車代理商Yanase等等，包括零售業之外的許多產業。

每次共聚集約三十人左右，主題都不同，可能是企業研究，或是請講師來教我們管理、會計或行銷的知識。也曾經辦過策略規劃的工作坊。

還有一些活動是保密到當天才知道的。我們會請參加企業的高層前來演講，演講過後就一同共進晚餐，每次與會者都是問題問個沒完。由於一般上班族很少有機會能和企業高層直接交談，因此似乎可以成為不錯的刺激。

很多企業都會找知名顧問，或是常上電視的藝人與政治家來演講。但是這些人士的演講，是否馬上就會對工作有所幫助？事實卻又不是如此。但是企業經營者的談話終究有過去的經驗佐證，等於是一個智慧的寶庫。學習可以累積知識，但是**在商業當中，智慧比知識還要管用**。

與其個人參加跨產業交流會，還不如以部門或團隊為單位與人交流，應該比較能夠長久，而不只是暫時性的往來而已。在無印良品，有些員工在工作上一碰到什麼棘手事，就會找在跨產業交流會中認識的其他公司人士商量。

借用其他公司的智慧，在商業上也是很重要的技巧之一。

如何培育全球型人才

人才培育委員會在最後大功告成之前，採取的最後一個動作是：派員工到海外進修。

無印良品在一九九一年於倫敦開設了一號分店。其後，就開始從歐洲往亞洲、美洲等全球各地設點。

一開始，我們會把沒有海外經驗的課長級員工送到海外，讓他們在當地從零開發起。後來我們繼續拓展這樣的措施，把計畫改為「所有課長都送到海外短期停留」，而且已從二〇一一年開始實施。詳情請見本書第三章，不過和一般企業所實施的海外進修相比，是截然不同的。

多數企業的海外進修，都是把年輕員工或幹部候補人選，送到海外幾個月到一年。雖然有山葉發動機這種只派駐一個人到先進國家，交由他調查市場的例子，但一般來說，都會把多名員工送到同一個地點。進修的內容一般是學習外語、學習當地生活習慣，或市場調查等等，相較之下，用意比較在消除「碰到外國就過敏」的症狀。因此通常都是由企業設計課程，也代為準備住宿地點。

但是在無印良品，公司不但不會幫忙安排計畫，就連住宿地點，也只會告訴員工一句「請你自己找吧。」我們也不會把員工一起送到同一個地點去，我們是讓員工一個人到異國去，堪稱是武者修行的進修內容。

進修期間中，總公司幾乎不會追蹤外派人員的目前狀況。

正如「獅子會把孩子推落山谷」這句諺語所示，我們的做法對於讓員工存活下來是有幫助的。**用自己的腦子思考、付出心思、培養「設法解決問題」的能力，才是讓員工進修的目的。**

目前，所有派外員工都已平安返國，而且脫胎換骨，比過去還要強韌。

就算公司在國內向員工宣傳多少全球化的事，他們還是無法有切身感受。終究還是得把他們送到海外，讓他們親身體驗看看。百聞不如一見。

2章

訓練新人抗壓性的機制

工作這種事情是要從失敗中漸漸學會的。假如企業或團隊已經幫員工安排好「做事不會失敗」的環境，那麼即使經過再久的時間，新進員工還是沒有成長可言。

讓新人親身體會現實與理想的落差

年輕人進公司不到三年就離職，已成為外界重視的社會問題。

雖然有人說「最近這樣的年輕人尤其增加不少」，其實早在十五年前，大學畢業的社會新鮮人中，每三人就會有一人在三年內離職，已經是不爭的事實。這是一個長年盤踞日本的嚴重問題。

企業投入了成本與心力，培育新進員工。進公司三年，正是他差不多總算能夠獨立行事的階段。好不容易才培育出來的員工卻離開了公司，對企業來說，這種進公司不到三年，就早早離職的人，造成了企業莫大的損失。

我們該如何因應這樣的問題才好呢？

首先，我們必須先釐清「為什麼年輕人待沒多久就離職」。

他們早早離職的原因不一而足，但想像得到的第一個原因是，他們嘗到了理想與現實之間的落差，也就是所謂「現實的衝擊」。

社會新鮮人進公司時，都帶著希望與理想；但實際上，公司卻是在乍看之下充滿矛盾的情境中運作的。而且，就算新進員工自己有想做的工作種類，公司也不會天真到隨隨便便就讓他做。

面對如此嚴峻的現實，新進員工不禁會覺得「這個世界和我想像的不同」、「應該有比這還更適合我的工作」。

碰到這樣旳員工，我認為**最好的處理方法是「事前就讓他認清現實」**。無印良品對於已決定即將採用的員工，會讓他們到門市打工。不過這畢竟是一份工作，所以我們當然會付時薪給他。

等到當事人打工一兩個月後，就漸漸知道工作的內容了。

就算這個人是過去時常來消費的無印良品粉絲，等到他實際站在店裡工作時就會發現，自己過去懷抱的想像，與現實的狀況，是截然不同的。光是站著做事本身就很辛苦了；其他像是把廠商送來的商品運到倉庫去，或是把商品從倉庫運到門市來這樣的體力勞動，也挺多的。此外，在商品品項較多的分店，要記住所有商品也是很辛苦的事。搞不好還有顧客提出一些讓人覺得沒道理的抱怨。

我們會藉由這樣的體驗，讓他慢慢深刻感受到實際狀況是怎麼一回事。

再者，由於打工的學生也會和在分店服務的員工交談，他們漸漸就會知道公司內部的狀況了。像這樣事前讓他們體驗第一線的工作、事前知道企業營運事務實際上是怎麼回事，反倒能讓還是學生的當事人做好心理準備。雖然其中有些學生會在這個階段就打退堂鼓，但能在正式進公司前，就釐清自己不適合這家公司，對他本人來說也應該是件好事。

等到社會新鮮人開開心心成為新進員工後，公司便要視之為組織的一員，好好讓他理解公司秉持的哲學、理念，以及價值觀等思維（就是為了這樣的目的，無印良品才會準備MUJIGRAM和業務標準書等指導手冊）。

舉個例子，大家在剛進公司時，應該也曾被交辦過打掃、泡茶、檢視影印紙之類的工作吧。這些都是和業務無直接關聯的雜務，或許會讓你覺得「真麻煩耶」。

因此面對新進員工，公司必須讓他們思考「為何需要這樣的作業？」「這項作業有什麼樣的效用？」之類的目的與理由。否則他們會排斥做雜務。

另外，**新人一旦出狀況，便把原因只算在他們身上是不對的。**

假設在進公司前的教育訓練中，要教他「講究儀容」這件事好了。如果主管們自己的儀容都不夠整潔，新進員工就會自我解釋為「不必注重儀容也沒關係」。**大致來說，年輕員工之所以工作怠惰，都是因為主管自己也怠惰使然**。

新進員工的眼睛會緊盯著主管或前輩的行為。公司應該好好確認一下，負責教導新人的同仁，自己是否能成為好典範。

本章主要會介紹無印良品「如何培育新人」，並試著探討如何才能把年輕員工培育成有戰力的同仁。

在員工新進公司後三年內，就決定了他是否能成長為「生在無印、長在無印」的人。

打鐵要趁熱，假如在還有熱度時沒把鐵打好，當事人不但成長不了，還會萎靡下去。新進員工能否成長，與教導者的關係很大。

三年後成為店長的磨練

我經常聽到，年輕世代的上班族，有愈來愈多人都不希望出人頭地。升上管理職後，薪水沒有增加多少，責任卻變重了；不想再受到更多工作壓力逼迫；照顧部下似乎很累人——或許他們是出於這樣的想法吧。**但「維持現狀」其實是最危險的選擇**。

就算未來景氣可能變好，也不可能好到像泡沫經濟破滅前那種水準。「全球化」已加速出現在各個領域中，可以想見許多企業都打算把重心放在進軍海外上。說真的，以一家想把資金投資在海外的企業來說，都會希望盡可能壓低人事成本。因此，每年都有愈來愈多企業徵求員工優退，讓不是管理職的資深員工早點離開公司，再以便宜的低薪找新人遞補。

也就是說，**假如你不出人頭地，未來也一直做著和現在一樣的工作，你就得面對最先被企業捨棄掉的風險**。

員工在無印良品的職涯，開始於在全國分店擔任店長。所以新進員工，進公司幾年後，都一定會當店長。

新進員工會進公司，或許是出於各種理由，像是「想要開發商品」、「想到海外工作」或是「想做公關工作」等等。但首先我們還是會先把他分派到分店當店員，再請他以「三年後成為店長」為目標多加努力——這是我們的既定路線。

除了無印良品以外，也有一些餐廳或零售業，同樣會把新進員工先分派到門市去，體驗一下當店長的經驗。在我們這個產業，門市就是事業的最前線，這麼做的用意就在於讓員工實際感受第一線的狀況。

無印良品也是，我們認為「員工假如未能體認到第一線的辛苦、沒聽過顧客的心聲就進總公司，那他什麼也做不來」。但還不光是這樣而已，我們也希望**透過店長一職，讓員工養成領導者的眼界**。

店長是門市的最高領導人，任何事情他都得負責。

商品進貨後在店內陳列，只是店長工作中的區區一小部分而已。培育店員、訂定銷售目標、擬定銷售計畫、碰到問題時因應，全都是店長的職責。他是這一國、這個城的主人。

雖然身為社會人的經驗很少，但店長還是得負起責任，扮演好位居他人之上的角色。這種狀況給人相當大的壓力，對新進員工來說，可能就像身處於殘酷的戰場中一樣。但只要能撐過去，他身為社會人所呈現的成長，就不可同日而語了。

不光企業如此，團隊也一樣，假如每個成員在處理工作時，都能抱持著領導人的角度，工作便會推動得很順利。為此，在較早的階段就讓員工做較高職務的事情，會是很好的方式。

假如從門市經營的角度來看，員工進公司大約第十年，成為中階員工時，再讓他當店長，或許會比較保險。因為他既不會在一上任時就出太大的亂子，也已經具備經營門市的技能了。新進員工先分派到總公司，從協助前輩的輔助性工作做起，以總公司的角度來看，也比較好盯著。

但這麼做，無助於培育新進員工。

以我之見，工作這種事情是要從失敗中漸漸學會的。**假如企業或團隊已經幫員工安排好「做事不會失敗」的環境，那麼即使經過再久的時間，新進員工還是沒有成長可言。**

失敗的時候，就算只是想著「該找誰商量好」，對社會人來說，也是很重要的訓練。「設法解決問題」的能力，就是這樣逐漸養成的。

新進員工一開始就算有什麼做不好，有什麼不懂，也是理所當然。如果負責教導他們的人無法認可這樣的事實，無法寬容以對，他們是無法成長的。重要的是，培育他們的人，要把眼光看向未來。

一劈頭就把新進員工丟到嚴峻的環境中，確實很苛刻。

但無印良品也是這麼做的。我們已經為新進員工安排好完備的職涯發展路線：**一開始先當店員，等到慢慢習慣門市環境後，就當店長**。假如沒有先安排好足以讓新進員工體驗殘酷戰場的基本環境就貿然行事，只會把他們擊垮而已。

此外，在這麼做的同時，我們也會讓有新進員工報到的店長，參加「接收新人」的教育訓練，針對「新進員工報到後，在這段期間內，請把這種層次為止的東西教導給他」之類的事項，做具體說明。唯有妥切的讓接收新人的店長做好準備，才能逐步打造出適於新進員工的基本環境。

在這樣的環境下，只要能看到周遭的主管或前輩們都活力十足的埋首工作，新進員工又怎麼會視晉升為畏途呢？到頭來，年輕人究竟會不會追求向上提升，而非只是維持現狀，還是得看他身處於什麼樣的環境。這是我的看法。

何謂部下管理

在一般企業，進公司一年半的人，還是會被當成新進員工對待。可能經常得幫前輩做做雜事，或是負責一些支援性的工作。

但在無印良品，新進員工分派到分店一年半左右時，就要開始參加「基礎管理」的教育訓練。我們很快就會為他展開店長培訓工作。

這項教育訓練會以「管理支援手冊」這本教材，以及「MUJIGRAM」為主要內容。

管理支援手冊是一份針對「何謂管理」整理出來的教材，裡頭主要介紹的是身為店長該如何培育別人的知識與技巧，以及店長自己該如何培養領導能力。

這份教材的內容，不但適用於無印良品的店長，我認為也適用於全球任何企業的領導者。**所謂的領導者，不一定是企業經營者或擔任要職的人；只要擁有至少一名部下或後輩，全都包括在內**。

一旦成為店長或領導者，很難不把心力放在銷售目標這類一目了然的數字上。但位居他人之上，該注重的不是這樣的事。**領導者扮演的角色有兩個層面，一是「人的層面」，也就是要培育部下；二是「工作的層面」，也就是要讓業務順利發展下去，二者必須同時做到才行**。

為此，我們會用管理支援手冊來教導「人的層面」部分，同時也用MUJIGRAM讓員工理解「工作的層面」。

尤其是人的層面，培育部下這件事既困難卻又重要。我們必須好好了解自己的部下未來希望如何成長下去，再據此導引他們的方向，並透過工作幫助他們成長。

管理支援手冊中，也會提到如何培育工的具體手法。在此就來介紹一下手冊第三章〈培育部下〉中「培育計畫」一節的部分內容。

要分派能夠促成培育的工作給他

與部下分享培育目標後，接著就具體分配工作。

對他本人來說有點難度的工作，培育的效果最好。但不要一開始就分派太難的工作給他，重點在於要循序漸進。

一旦部下在過程中累積成功經驗，並得到成就感，就會真切感受到自己的成長。

【第1級】解決目前工作中的課題

首先，讓他以克服現況下工作中的課題為目標。要讓他累積足夠的經驗，才能大略學會如何處理眼前的工作。

【第2級】分派多樣化的工作

大略掌握工作要點後，接下來就增加工作種類，讓他負責多項作業。這可以避免工作的單調化與枯燥感，也讓他學到何謂有效率、有計畫，乃至於安排優先順序等等。

【第3級】擴大讓他自己判斷與決定的範圍

安排能夠從計劃階段到最後的檢視階段，都由他自己負責處理的工作。

這時要安排略為超出他本人能力，「有一些困難」的工作。透過這樣的工作，可促使他擴大眼界、擴增觀點，乃至於養成處事的態度、提升人際能力，建立價值觀與倫理觀。

沒有人只因為收到「務必好好培育部下與後輩」的命令，就自然而然做得到。就算試著改口要求「要多理解部下」，但是到底要理解什麼才好，也沒人知道。

因此，我們在管理支援手冊中，具體說明了該掌握部下的什麼事項，以及該如何據此給與教導。

這樣的話，就算是剛拿到管理支援手冊的新進員工，也一樣能夠馬上採取行動。

此外，管理支援手冊的重點在於，它是蒐集了第一線的意見才編製出來的。我們是實際向曾在無印良品各分店累積經驗的「前輩店長」們徵詢意見，才把他們當時曾有的煩惱或學到的東西，編進這本手冊裡。

如前所述，重點在於，教育訓練的教材或講義基本上都是自行準備，都是合乎公司需求的內容。再多要求一點的話，我們認為，最好連教育訓練的講師，原則上都由自己公司的員工來擔任，效果會比較好。

前輩店長們碰過的阻礙，許多新手店長也一樣都碰到了。這種時候，只要去讀講義，就知道該怎麼處理。而且，負責教育訓練的講師若是根據自己的親身經驗，用自己的話（公司的話）講出來，絕對更能讓學員理解。

在無印良品的教育訓練中使用的教材，或許不是純粹的講義而已，恐怕也還稱得上是「為店長指引明路的一盞明燈」。

任何人都能養成領導力

藉由管理支援手冊學到的基礎管理（基礎經營）技巧，在別的公司一般來說，都是進公司超過十年的中階以上員工才會學到。但我們卻把這套東西教給進公司一年半的新進員工。

因為我們認為，**任何人都能養成領導力**。和他成為社會人後經過幾年並無關係。

不光是無印良品的員工才這樣，所有上班族都是一樣。

一講到領導力，或許有人會覺得它是種特別的能力，只和雀屏中選的人有關。但這絕非什麼困難的技巧，就算是新進員工，只要有心，同樣可以學會。在此要介紹管理支援手冊中「領導力」章節中的部分內容。

發揮領導力的前提

身為店長，要想發揮領導力，就必須具備基本的敦促技巧與用心的態度，才能促使店員投入工作、激發他們的力量、同心協力完成業務。所謂的敦促技巧與用心的態度可以分成三個部分來探討：

- 自己是否具備「身先士卒」的態度或姿態
- 對於工作是否清楚「哪個部分存在著必須解決的問題」
- 對於員工是否具備「關心他、了解他」、「激發其工作動機」、「從旁支持」這樣的敦促技巧光是看完這些，大家應該還是不懂實際上該怎麼做吧？

因此在管理支援手冊中，又附上了更詳盡的說明。

賦與工作動機

人對於自己不覺得有意義或有好處的事情，不會積極投注心力。要想促使員工投入工作，重要的是以認真的態度，向他們說明團隊預計要達成的事情有何意義，以及達成時可以帶來何種好處。此外，在講述時，不可或缺的是，要利用每位成員關心的事項，串連到對他來說有意義或有好處的事情上。

賦與工作動機有如下的具體方法。

(1) 讓他感興趣

掌握部下的特質，在分派工作或下達工作指示時，採用的手法要能夠讓他產生興趣。

(2) 讓他自己體察目標

讓成員體認到目標是自己的，他們就會當成是自己的事。

(3) 提供意見回饋

針對他們採取的行動或是工作成果提供意見回饋，有助於他們給自己做出適切的評價，也就容易於預測下次的行動了。

(4) 讓他體驗成就感

嘗到成功的滋味，將可引發後續挑戰意願。要讓員工產生強烈的成就感，有效的做法是把工作目標的難度設定得比他們目前的能力還略高一些。

(5) 給與賞罰

據說，一般而言，賞的效果比罰來得好。

(6) 讓他們競爭

訴諸員工彼此之間的競爭意識。

(7) 其他

還有一些其他方法可用，像是強制要他們與大家合作把事情完成。

看了之後大家覺得如何呢？裡頭寫的都不是什麼特別稀奇的觀點。只要曾一度當過領導者，這些內容應該會讓你心有戚戚焉才是。

不過，並不是一當上店長，就能馬上學會管理支援手冊中所寫的每件事。學到知識是一回事，透過實踐變成自己的東西又是另一回事。從吸收教材內容到真正確立自己的領導力，可能還是得花上兩年左右的時間。未經身體力行的知識，將無法真正收歸己用。

新人必然會面臨的困境

無印良品會讓進公司三年前後的員工擔任店長。

成為店長後，就必須以分店領導人的身分與打工或兼差的同事互動。其中有一部分的人會比自己年長，或是工作資歷比自己長。但自己所處的狀態，卻又很難稱得上已經熟悉所有工作項目。

在這樣的狀況下，該如何發揮領導力，推動第一線的工作呢？這對新進員工而言，是最難熬過的殘酷體驗。

其實，每一位新人店長，都會面臨同樣的困境。

「店員不聽我的話」「該如何要求年長的店員？」「如果以朋友般的態度相待，職場氛圍又會變得鬆懈下來」……對於這樣的煩惱，並無「只要這麼做就能解決」的特效藥。只能靠店長自己絞盡腦汁設法逐步解決。

與溝通有關的問題，恐怕是所有新手上班族的共通煩惱。

學生時代的溝通對象主要是同世代的朋友，雖然交流關係狹隘，但因為大家都還是學生，溝通不讓人覺得有那麼困難。然而進入社會後，就非得和各種世代的人交流、談事情了。任何人都會需要不同的溝通方式，並配合對方年齡或立場，否則將無法完成工作。

我想，任何一家企業針對新進員工辦教育訓練時，都會教他們基本溝通技巧。但重要的是透過實踐累積經驗。

這麼看來，似乎就必須像前面講的那樣，在當上新人店長前，先讓他擔任基層店員，體驗一下「追隨別人」的感覺。因為唯有理解溝通的對象，溝通才能夠成立。

接下來也很重要的是，**在工作現場的嘗試錯誤。唯有在理解對方的立場後，歷經一番溝通上的嘗試錯誤，才可能養成溝通能力**。

雖然如此，只要訓練得宜，任何人的溝通能力都有進步的可能。

在管理支援手冊中，前輩店長們會提出一些建議，教導後輩該如何與店員溝通，才能建立好的工作環境。

- 自己主動問候、出聲交談
- 經由對話掌握狀況
- 和每個店員個別談話
- 要說「謝謝」
- 要一視同仁等等

這些不是什麼特別的技巧，全是大家小時候都在學校裡學過的東西。要想和別人敞開心門往來，平常的小小互動反倒是最重要的。

假如平常疏於做這些事，只會突然以領導者的口吻要求人家做這個、做那個，是沒辦法讓人動起來的。

但只要做好身為人的基本功，則無論和任何世代的人都能夠相處得來，就算產生什麼問題，也能夠在比較早的階段就解決。

因為，人際關係是一切的基礎。只要能藉由溝通衝破人際關係的困境，新手上班族就能大幅成長。為此，應該盡可能多讓新手上班族有和人接觸的機會。

讀到這裡，或許很多人會覺得「這種事情我都知道」。

但真正能做到的人，又有多少呢？以我的認知，不少人恐怕在不知不覺間，早已變成只是做做樣子溝通而已，沒有認真把它當成一回事。

教你基本功，剩下自己想

例如，假設新手業務員正為了遲遲拿不到訂單而煩惱。

一問之下他說，雖然打了電話推銷，卻沒辦法成功約出對方當面洽談。

如果各位想幫忙解決這種煩惱，會為他做什麼呢？

是要丟下一句「你自己想想有什麼好方法吧」，還是要親切的教他「這是因為你在篩選推銷對象時篩選得不好。以我們公司來說，應該要找這樣的對象推銷才對」？無印流的做法，是把一切業務項目都標準化，因此無印良品會選擇後面這種方式。

不過，雖然我們會指導員工到「列出潛在客戶」的階段，但接下來的部分，就得靠他本人自己設法完成了。

第一句話該怎麼講，才能讓對方不掛上電話、繼續聽你說呢？該怎麼說明，對方才會想要和你碰面談呢？諸如此類的技巧，都得靠他本人嘗試錯誤之下才可能學會。

MUJIGRAM也是一樣，納入手冊內容的是「歡迎光臨」、「謝謝惠顧」之類的基本問候，以及接電話時如何應答等事項。

不過，「和客戶互動時，該在什麼時點出聲，向對方說話」之類的問題，就沒辦法寫進指導手冊了。像這種會因為狀況的不同而改變的事項，只能自己思考、自己克服。這種**「教你基本功，剩下自己想」的手法，或**

許稱得上是無印流的人才培育之道。

除了剛進公司的新人教育訓練外，無印良品在員工進公司後，還另外設有「跟催教育訓練」。

進公司後被分派到門市去的新人，經過三個月後，大致上已經搞懂店裡的工作，也慢慢有餘力可以去注意自己周遭的事項了。

這些新人會把自己開始注意到周遭事項後，最先碰到的煩惱或問題，帶到跟催教育訓練中來。

大家會各自提出在不同分店碰到的課題或問題，並且一起思考該如何解決才好。原本只是自己一人煩惱的事，一旦全都丟出來集中在一起，就會發現，每個人都在心煩同樣的事。光是這麼做，應該就能帶來「原來不是只有我這樣」的安心感。

在跟催教育訓練中，會由人事部的專員擔任講師，在某種程度上教導他們「你們碰到了這樣的煩惱，對嗎？在那個年代，某位前輩是那樣因應的」之類的事。但在這裡學到的東西，是否要予以落實，就得看他本人了。

每個新人找出自己的答案後，就回到自己的分店去。

等到進公司六個月時，某些新人又會被調派到其他分店去，自那時起，他們又會碰到形形色色的各種煩惱。但同樣也是大家一起討論，同樣也是自己找出答案。在這麼做的過程中，心中會對問題有更明確的了解，也就漸漸能夠看出自己該怎麼做了。

一旦企業設計這樣的跟催體制，我認為就算是新進員工，同樣可以挺過那段不安的時期。

當然，在日常工作中，主管或前輩的跟催也是很重要的。

無印良品的新進員工也一樣，經常會找所在分店的店長商量事情。這時，店長會聆聽他們的說法。但由於無印流的做法早已深植於店長的心中，他們並不會巨細靡遺的教導新進員工該怎麼做。

和作業有關的煩惱，店長會要新進員工「去看看MUJIGRAM」；和「打工人員一直學不會做事方法」這類與溝通有關的問題，店長會反問：「你平常是怎麼教他們的？」「你覺得怎樣才能讓他們學會？」之類的問題，讓新進員工自己思考。

假如直接給答案，就剝奪了員工思考的機會。我們若幫他準備好答案，他得到的就只有「這個問題的解決方式」而已。

反之，如果是讓新進員工自己思考、提出答案，他將可在思考力、決斷力、責任感等層面上累積不少經驗值。因此，就算提供他一些建言，還是非得交給他自己去決定要採取何種行動。

另一方面，對負責教導的人來說，直接一五一十的全都教給他，真的會很輕鬆。因為假如有什麼東西沒教給部下，而部下做事出了狀況，自己就非得跟催下去不可。只是身為主管，還是應該扮演好自己的角色，把部下訓練成能夠靠自己的力量設法解決問題。

還有一些事情是為人主管者應該注意的。為了在「教你基本功，剩下自己想」的絕妙距離感之下培育部下，**前輩或是領導人，務必要「理所當然似的把理所當然該做的事都做到」——這一點很重要**。只要在這樣的前提下採行「教你基本功，剩下自己想」的教導方式，一方面部下很快就能獨立行事，就結果來說，當主管的同樣也能變得輕鬆。

讓新進員工互相培育彼此

就算在主管眼裡還算新人，但進公司第二年起，任何人都會成為該年度新進員工的前輩，也會有機會「教導別人」。

這時，假如主管把事情都丟給進公司第二年的新人，要他們「把今年進來的新人教好」，恐怕教的人與被教的人都會陷入混亂吧。教導者教的內容可能不完整，或是把自己記錯的東西誤教給人家了。這會使得被教的新手感到困惑，教人的前輩也失去了自信。

該教些什麼？該依照何種順序教？假如主管事先規範好這些事，那麼已經成為人家前輩的員工們，就能充滿自信、井然有序的教導新進員工怎麼做事了。

一旦有了自信，不但既能贏得後輩的信賴，也因為體認到自己是人家的前輩，而有所成長。

在無印良品，一旦當上新人店長，就必須指導店內的所有員工。

雖然以社會人來說還是個新人，但只要是我們的同仁，就勢必得走這條路。店長不是只要處理店面的事就好，透過工作讓部下成長，也是身為領導者的重要角色。

為什麼我們要讓仍稱得上是新進員工的他們去培育別人呢？

因為，**培育別人，最能夠讓人成長**。

在教導別人什麼事時，教導者自己也必須對教的內容有深入了解，才能教得好。平常自己不假思索在做的工作，一旦要教別人，才會發現出乎意料的難，連自己都納悶「咦，我平常都是怎麼做的？」也可能等到有店員提出自己沒想到的問題，才察覺到原來自己也不懂這件事。在教導別人的過程中，可以趁機回顧自己的工作，並且好好整理一下自己到底懂什麼，不懂什麼。

而且，為了讓教導的對象能夠理解，教導的人必須充分運用自己的智慧，想想該怎麼說明最適合。

有些人你講個兩三成，他就懂十成；有些人卻是你講十成他才能懂十成。教導者必須配合對方的類型改變教法，才能讓人家理解。

在同樣的事情一教再教的過程中，教導者或許口氣會因為焦躁而不由得變差起來。有時候，教導者和教導對象之間的關係，也可能會變得有點尷尬，進而影響到工作。但相對的，假如原本遲遲學不會的人終於學會了，教導的人也會覺得很開心。

溝通的技巧，只能透過這種既是辛苦又是開心的體驗，才能夠慢慢學習體會。因此，無印良品對店員的所有指導，都會使用MUJIGRAM。MUJIGRAM已經把工作上的知識與技巧全都寫進去了，只要有了它，就算是新手店長，也能夠教導別人。

另外，**店長還有個重要任務，就是評鑑店員的工作表現**。這件事不能由資深員工幫忙，而是要讓新手店長自己做。

不過，評鑑時如果摻雜了好惡之類的個人情感在內的話，第一線會變得很混亂。

所以我們會請他使用「分級評分表」。這份評分表上，已經把「該評鑑店員的哪些事項」列為詳細的項目清單了。

例如上下班是否按照班表出勤？儀容是否按照規定？是否總是帶著笑容，看著顧客的眼睛問候人家？諸如此類工作中的基本態度，也都是評鑑的對象。還有，收銀工作或電話應對是否得宜？賣場的陳列作業是否按照MUJIGRAM的規範？諸如此類與業務工作相關的事，也是評鑑項目的一部分，店長要根據店員的成長度給與指導與評鑑。

假如評鑑的結果是沒做到，就打「×」；有做到就打「○」或「◎」。只要有這份分級評分表，就算是初次負責指導別人的人，也能夠精確的完成評鑑。同時，只要掌握這份評分表，也就知道在培育店員時，該教他們些什麼了。

另外，「要求店員訂定目標」這項難度較高的工作，也要交給新手店長負責。

明明他們連自己的目標都還在煩惱要怎麼訂，卻要他們去要求別人訂目標，實在是極為困難的一件事。但光是一股腦的工作，是無法提升能力的。因此我們的做法是，要店長根據管理支援手冊與分級評分表，指導店員訂定目標。

首先，主管要先想像員工的培育方向。接著再聽取員工自己希望的方向與目標，兩相比對。大致上就是粗分為這兩個階段。

這時，要根據分級評分表確認當事人已做到與未做到的部分；一方面可藉以訂定「由於已熟悉收銀機操作，接著要學會禮品包裝」、「在陳列商品的同時，要記得確認商品的暢銷度比較表」之類的目標；另一方面，也可藉以逐步看出具體的行動方向。

只要事先建立這樣的教導機制，任何人都能做好培育人的工作。

中國有一句古諺說，「找好師傅要費三年功夫」。假如隨隨便便就跟了不好的老師，不但無法進步，反而還會養成奇怪的習慣，想戒都戒不了。一開始由誰來教，非常重要。

為了讓任何人都能成為「良師」，我們才準備了MUJIGRAM以及分級評分表這樣的工具。

把一個人培育為良師固然也很重要，但那得花好幾年的時間。還不如建立起讓大家都能以良師的身分教導別人的機制，反倒更能避免第一線出現混亂狀況。

年輕店長的心聲(1)
雲雀之丘巴而可店店長　鈴木里深小姐

進公司前，先經過四個月的打工教育訓練，後來在二〇〇九年進公司。一開始分派到靜岡的分店，半年後被調到岐阜的分店。再調動到名古屋與滋賀後，二〇一三年調職至雲雀之丘巴而可店。進公司後兩年半擔任店長。

和其他同時期進公司的同事比起來，我調職的次數比較多，一開始花了一些時間才習慣新分店。那時我老是在想自己要如何與店員互動，才能和他們打成一片。但隨著自己一再輪調，慢慢的我就習慣了，變成只要一個月左右，我就會覺得新的工作地點像是「自己的店」一樣。

在一開始報到的分店，因為還處於只懂得基本事項的狀態，就在我心想「至少工作能力要先進步到和打工或兼職同仁相同的水準」而努力著的時候，店長就把賣場的某一區交給我負責，這件事我還有印象。

店長還對我說：「半年期間，這塊地方隨便你怎麼弄，請鈴木小姐找出自己的銷售方式。」有些商品會因為陳列方式的不同而熱賣，反之也可能因此完全滯銷。就算是暢銷商品，顏色不同，銷售狀況也可能不同。有時候，每種顏色的商品一個一個排得很漂亮，或是只挑選比較受歡迎的顏色各放幾個，顧客的反應就會完全不一樣。那是我有生以來首度嘗到做生意的樂趣。

做著做著，進公司兩年半時，我首度擔任店長，突然感覺到自己的責任之重。

在還是店員的時代，就算銷售狀況不好，可能也只是覺得「哎，業績不夠好」而已；但一當上店長，我就開始覺得「業績不好是我的錯」。由於業績看的是整間店，所以自己的店一旦業績差，我的心裡也會冒出「真不甘心」的感受，責任感自然而然就增加了。現在雖然有後輩擔任代理店長，但當他問我：「當上店長後，有什麼改變嗎？」我也無法以言語表達出來。只能告訴他：「眼界會變得完全不同，但是要實際當上才能體會，希望你也早點當店長。」

■進公司後眼界變廣了

我原本是因為無印良品的商品開發理念讓我產生共鳴，才想要進公司的。求職面試時，我也表達了「想到商品部去」的想法。

一開始在店面工作時，我把它想成是「在為前往商品部工作做準備」。但實際做了之後才發現，在店裡銷售商品很有意思，像是暢銷時的那種喜悅，或是稍微調整一下陳列，銷售狀況就會改變時的驚訝等等，能夠實際感受這樣的體驗，我覺得真的很好。

不過，其實在我進公司第三年時，還曾經頻繁講出一些像是「聲稱要離職，其實是藉以引人注目」之類的言論（笑）。

學生時代我讀的是建築方面的科系。那是在周遭朋友們都進入研究所，開始做建築工作的時期吧，由於我很喜歡設計或做做東西的世界，聽那些開始在建築世界裡做事的朋友們講著講著……我也曾經向主管透露過「想要離職」的想法。

就在這時，我剛好聽到消息，說有個叫「Found MUJI」的活動，要在公司內部召募成員。這個活動是要展示從全球發掘出來，在生活中長期使用的好東西，並希望能配合現代生活予以重新製作，再傳布出去。

原本我就覺得，不在商品上打出製造者名稱的東西很棒。Found MUJI就是這樣的一個活動，它要把在全球埋沒的好東西發掘出來、提供出來。由於我想要挑戰看看，就告訴主管我想應徵參加這個活動，結果他說「那你這樣就辭不了工作了，沒關係嗎？」「那我就不辭了。」像這樣改變想法後，現在我仍在無印良品努力著，沒有離開。

不過，未來我可能會想前往海外分店待看看，也可能會對宣傳工作產生興趣。進公司前，我想都沒想過工作的範疇會廣成這樣，但進公司後，我的眼界整個都變廣了。我認為，這種什麼事都可以做的公司，或者說願意給任何人「機會」的環境，正是無印良品的魅力所在。

年輕店長的心聲(2)
LaLa Garden春日部店店長　田中今日子小姐

二〇〇九年進公司，先分派到北千住分店去，後來轉調過柏、水戶、有樂町、深谷等關東區域的分店。在水戶首度擔任代理店長，在深谷就任為店長。現在這裡是她第二家擔任店長的分店。

以新進員工身分前往Lumine北千住店報到時，也因為我還不習慣工作，每天都被時間追著跑，根本沒辦法好好請店長或前輩教我做事。可以說每天都忙得不可開交。

進公司後，我是先在總公司接受新進員工的教育訓練，學到基本的東西後，才被分派到分店去的，但等到要以員工身分發揮領導力時，卻是打從一開始就挫折連連。

店裡有許多比我年長的店員，而且他們都以「你是總公司的人」的眼光看待我。但我還有很多事不懂，也還有很多工作做不來，我完全不知道該如何和店員們互動，很是煩惱。也曾經因為工作的事而被店員們發過火。

那個時期，總公司有新進員工的跟催教育訓練活動，於是我就找講師商量。那時他告訴我：「發揮領導力不是只能具體的帶領誰往前走而已，也包括給別人帶來正面的影響在內。」這真的讓我眼界大開。到現在我都還會想起他這番話。

雖然我的個性原本就不善於發揮領導力，但老師這番話讓我覺得，好像為我開了一條似乎連我也能走的路。

在那之後，我就不再無謂的拘泥於要下達指示，或是硬要帶領別人做什麼事了。我察覺到，光是仔細聆聽對方講的話，聆聽對方目前感到困擾的事，就已經充分發揮了領導力。當然，我找店長商量時，他也很樂於接受。但他沒有教我「這麼做比較好」，反而展現出像是要促使我自己思考般的聆聽方式。我自己覺得，在那樣的經驗後，自己就學會了像店長一樣，以毫無架子的態度與店員互動的方式了。

■只要嘗試，就能解決

原本我並沒想過，會從進公司時就擔任分店的店員，也沒想過要以當上店長為最終目標。但因為我也喜歡無印良品的商品，出於「可以每天經手自己喜愛而且在使用的東西」這樣的想法，因此工作對我來說沒有膩這回事。

即便如此，剛進公司不久時，光是學會做事就很拚，我在現場可沒辦法一直都那麼好整以暇的想著「可以做這樣的工作，真幸福」。那時的感覺是，工作好像讓每天都在不知不覺間很快就過去了。所以我也覺得，一定要自己維持工作動力，或是暫時停下來確認自己的所在位置，否則就會變得隨波逐流。

我真的沒想過「乾脆辭了工作算了」，但因為原本就不擅長發揮領導力，我卻曾經煩惱過「自己是不是適合這份工作」、「去做不同的工作，也許會更順手」之類的念頭。

但到頭來我理解到「只要試著去做，沒有做不到的事」。並不是只用「適合」或「不適合」劃分就能解決問題。

也因此，我有了不同的想法：假如覺得這份工作不適合自己，恐怕任何工作都不適合。我心想，至少要把事情做到有進展為止，後來就這樣一直做下來了。

過去的我很怕生，但如果一直怕生，這份工作就做不下去了。後來我自然而然的學會仔細聆聽對方說的話，對於自己要講的話也三思而後言。現在我已經完全改掉怕生的習性，這是我在成為社會人，進到無印良品之後的一大改變。

懂得失敗，才是真強者

新人時期的那三年裡，對社會人來說是形成最初職涯的時期。在那三年期間，公司會判斷新人的能力，評估他未來的成長性。那麼，新人時代拿到不及格分數的人，難道日後就不可能翻身了嗎？

我的想法是，**拿到不及格分數之後的工作方式，反倒能建立起真正的職涯**。

並非在無印良品當過店長的所有員工，都能把分店打理得很好。新人們到當上店長之前，彼此的差距不是那麼大，但當上店長後，差距畢竟就大了。

有的店長和店員之間無法建立良好關係，導致分店的氣氛變差；有的店長因為必須同時推動多項業務而陷入驚慌。視狀況的不同，我們會再把他調派到不同分店去觀察狀況，但還是有人無法脫胎換骨。

我們當然也有一套針對店長的完備跟催制度。區經理與區塊店長（意指各區域分成幾個區塊，各區塊中居領導者地位的分店店長）都是新手店長的主管暨顧問。不過，即便有他們的支援，還是有一些員工無法振作起來。

但我們並不是就此決定了該名員工的能力。

也可能他是屬於大器晚成型的人，這時候要他居於他人之上還太早，或者是他不擅長管理。

但這種進步不了的員工，一旦調回總公司，卻很快就開始發揮實力——這樣的例子，我們看過太多。

社會人的生涯很漫長，永遠都能重新站起來，沒必要把一次失敗就當成一切完蛋。和那些不知挫折為何物就一直成功的人，**這種從失敗當中改變了自己生存之道或工作方式的人，反倒更能成長為有實力的社會人**。這樣的人後來成為企業經營者的例子，也所在多有。我可以斷言，在商業的世界裡，懂得何謂失敗的人，會比不懂失敗的人要強上許多。

一個人會因為什麼事情的啟發而冒出成長的嫩芽，沒人知道。

各位的公司裡，或許也有一些新人，和同期進公司的同事間有些落差，或是遲遲沒有成長。假如你是這種新手的主管，請你謹記著要用長遠的眼光看待部下。

如果你就是當事人，請你不要隨便就覺得「這家公司不適合我」，而想要換工作。就算換了工作，恐怕還是會難以忘卻此時的挫折。

在某家公司失敗，你只能在同一家公司扳回來。在你找到再次站起來的契機之前，不要自己先放棄。

但有一件事很重要，必須要有「想要理解他人」的態度。**不考慮別人立場的人，無論做什麼都不會順利。**工作不是只靠自己就能完成，除了同單位的團隊之外，還得和其他部門、往來對象一起合作推動。

無論溝通技巧好或不好，只要展現出很想理解對方想法的態度，永遠都有復活的可能。一方面正因為失敗過，所以比誰都還更能為對方著想；另一方面也可以不致於過度相信自己的能力。

3章

強化員工設法解決問題的能力

選擇困難的道路，就會產生一股想要設法解決問題的力量。反之，愈是逃避困難，就愈是退化。無論身在什麼時代，要養成存活下去的實力，只有靠磨練自己設法解決問題的能力。

疼愛孩子，就要讓他出外磨練

「工作沒辦法交辦給部下。」「我的部下靠不住。」

我想，很多主管的心裡，都有這樣的不滿吧。

在電視劇之類的作品中，會有那種「責任由我來負，你就放手去做」之類，力挺部下的主管……難道這樣的主管只存在於電視劇之中嗎？

「把工作放手交給部下」也是主管的職責之一。讓工作毫無問題的進行下去固然重要，引導部下獨立作業也是重要課題。

為了讓部下能夠獨自掌控工作，而非由主管照著自己的意思操控部下，企業必須要求主管要有「交辦的能力」。也請你回想一下，一直以來，你是不是也因為誰的跟催，才得以成長的？

前年❶十二月，我們指派一位三十多歲的課長，到泰國事業所（MUJI Retail〈Thailand〉Co. Ltd.）擔任社長。

他在十二月底上任，在泰國迎接新年。在這件事敲定後不到一個月的時間，他就決定隻身前往海外，家人日後再過去和他會合。他恐怕事前幾乎沒有做什麼準備吧，就連他的英文也是幾乎沒辦法溝通的狀態。

無印良品在二〇〇六年進軍泰國，現在有十家分店。一直以來，我們都是和泰國的百貨公司簽訂授權契約，但前年我們和那家百貨公司共同成立合資公司，就拔擢他當社長。

在那之前，我們都是把在中國生產的商品先送回日本，再從日本出口到泰國去，因此泰國無印良品的商品售價，是日本的二至二・五倍。這種狀況下，當地顧客根本不太會購買我們的東西。

於是，為調降進貨成本，他打造了一個能把在中國或越南工廠生產的商品，直接送到泰國的體系。而在三分之二左右的商品價格都調降兩成後，銷售額便很快就一飛沖天。不但如此，商品從工廠送到門市的天數，也大幅縮短。

這樣的改善做法，畢竟還是得親自到當地去，自己發現問題點、擬定對策，才有可能實現。假如只聽從日本總公司的要求，就不可能採取這麼果

❶二〇一二年。

斷的因應之道。

無印良品經常會突然要求員工獨自一人前往連辦公室都還沒有的地區。就算沒有派駐過海外的員工，也同樣是我們挑選的對象。

當然，一方面是由於我們在海外設點的速度很快，另一方面，即使我們想交辦給曾在其他國家有過經驗的員工，還是有人手不足的問題。但**就算是缺乏海外經驗的員工，我們一樣相信他們能夠獨自開拓出一片天地，所以還是派他們前往**。

而且一旦指派有過海外工作經驗的員工前往新地區，就會變成是特地把工作分派給這名「員工」。因此能學到海外工作技巧與知識的，只有這個人而已，其他員工都學不到。為了做到「因事設人」，指派零經驗的人過去，才是最佳做法。

再加上突然被公司丟到海外去，便會比較容易理解當地的立場。

在當地不斷遭遇到文化衝擊後，員工就會明白，日本的常識無法在全球通用。每個國家除了語言想當然不同外，飲食、生活習慣與工作方式也都截然不同。

面對語言與常識都不互通的對象，該如何與人家溝通？面對這麼嚴峻的情境，就會產生「想要了解對方」的意識。溝通光靠單方面是無法成立的，理解對方有什麼想法，會比把自己的想法傳達給對方，要來得重要。等回到日本後，這樣的意識就大有幫助。

我會在本章介紹無印良品員工的海外派任制度與海外進修的實施方法。「把事情完全只交給他一個人」這件事，不是講起來那麼簡單。為降低風險，同時把多名員工派到當地，讓這些人一起討論，會比較保險。

然而，這麼做將無法讓員工養成「獨立做出判斷」的能力。假如只有他一個人，就能訓練他絞盡自己腦汁的能力，所帶來的成長不可小覷。

無印良品之所以要把員工送到嚴峻的環境中，就是因為我們認為，戰場般的殘酷體驗，最能夠讓一個人成長，最能夠提升他的人間力❷。根據我自己的經驗，確實覺得那些年輕時吃過苦的人，他的人間力就愈高。

各位也一樣，假如公司提供前往海外工作的機會，我建議絕對要積極的

❷指人類在社會獨自生活的綜合能力。

試著挑戰。就算不做到這樣，假如你覺得自己已經停止成長，就不妨刻意讓自己置身於殘酷戰場中。**人很善於放縱自己，但不管到了什麼年紀，都永遠都很難嚴格對待自己**。

獨立解決問題之必要

以前，我們曾經指派一位資深員工到香港擔任當地事業的負責人。由於他不會講英文，因此我們幫他找了一個會講日文的當地員工，但此舉並未帶來好結果。最後會講日文的那位當地員工變成他的祕書，所有和當地人的互動，全都透過這名當地員工傳話。

由於資深員工自己無意直接與當地人對話，待得再久，與當地人之間存在的鴻溝也一直不會消除。不溝通就無法了解對方的想法，也無從理解當地背後的文化與歷史，以及生活習慣的差異。

即便如此，會講英文的人，也不能保證在實務上就有優秀的表現。我們也曾指派英文流利的員工到海外工作，雖然和當地人溝通無礙，但有時候依然未能創造出預期中的成果。

不懂英語之類的外語也無妨。但我認為，到當地去時，重要的是你的溝通力——願意想辦法與當地人相互了解的一種態度。

我們公司設有一套制度，可以讓員工在前往海外之前，上課學英語或中文。但課堂中教的只是基本會話而已。語言這種東西得要使用，才能變成自己的。所以就算背再多的例句，光是這樣依然不夠。

例如，假設當地員工在作業到一半時告訴你「已經是下班時間，我要走了」，試圖在工作沒做完的狀態下就回家（這是真的發生過的事），這時你要怎麼說明，才能把他留住呢？這種事不可能靠課堂上教你，只能由你自己用身體語言設法讓對方了解。假如語言不通，也可以用畫的讓對方知道。

只要像這樣用心的、拚命的試圖和對方溝通，慢慢的，你就會自然而然學會當地的語言。再過一陣子，可能還可以和對方彼此開玩笑。

溝通力的好壞，取決於你能否弄清楚對方的意思。

每個人的溝通方式，在國與國之間、不同世代或不同性別之間，或許都存在著特定傾向；但因為不同人之間的差異很大，我們還是非得研究溝通對象不可。因此平常就應該做好足以掌握對方思考方式、特性、習慣，乃至於喜好的訓練。

剛才提到的那個作業到一半就想回家的人，假如是因為很重視與家人間的相聚，那或許可以尊重他的想法，但是要和他交涉：「能不能再多留個十分鐘就好？」假如對方是出於「我只在原本說好的時間內才做事」，那可以考慮指導他如何在時間內把事情做完。

像這樣**手上有多種方式可以解決同一個問題的人，就稱得上是具備溝通力**。

能夠在許多人面前發言，這算是簡報能力很好，但並不代表溝通能力很好。**溝通是一種「想要深入理解對方」的力量，並且必須要做到能表達自己的想法，也能理解對方的想法**。這不是一朝一夕就能學會的吧？但只要具備這種溝通力，無論你身在何處，都同樣存活得下去。這才是全球性人才必須擁有的能力。

在我們派到海外工作或進修的員工當中，有一些人嘗到了挫折。

與當地人之間無法取得良好溝通的人固然如此，還有一些人則是尚未做好冒險的心理準備，所以會有撞牆的感覺。

例如，由於日本的物流體系很出色，只要沒碰上天候不佳之類的大狀況，貨物都能準時送到。但如果是在海外，毫無聯絡就晚了好幾天的情形就時有所聞。

這種狀況下，假如都一一和日本的總公司聯絡，告知：「商品沒有送到，怎麼辦？」再請總公司的人裁奪，那只會讓現場變得更加混亂而已。這種時候，只能自己設想在那樣的狀況下自己能做什麼，像是親身前往當地的工廠說服他們派車出貨，或是調其他商品填補空缺等等。假如對自己的判斷沒有信心，不敢冒風險，可能就只能在驚慌失措中渡過，一無所成。

這種類型的員工，我們就很難再把他派到海外去，在那之後應該會讓他在國內服務吧。不過，一次的失敗當然不表示他的上班族生涯就此結束。一方面，就算他不善於與人溝通，也還是有他擅長的工作；另一方面，請他重新到這類單位設法再重新挑戰一次，也是一個方法。

由於是一個人被公司丟到沒有人認識的地方，員工自然會充滿不安與孤獨。

尤其是那些準備前往當地設立據點的員工，他們必須從設立當地法人做起，而且只能自己構思方法摸索著前進，看是要在當地找尋信得過的顧問或會計師之類的專家，或是要找已經進軍當地的日本企業商量等等。

等到分店一開，他還得在當地雇用店員，進行教育訓練等。

我常說：「要從經營者的角度思考。」無印良品把員工派到海外去，不但讓他學習從經營者角度思考，甚至於讓他親身體會當個經營者。不消說，這樣的體驗，適用於各式各樣的事業。假如他退休後想開展什麼事業，到時候肯定派得上用場。

就算沒到海外工作，還是某種程度能夠養成設法解決問題的能力。

選擇困難的道路，像是挑戰規模較大的案子，或是從事一直以來都避而不做的工作，就會產生一股想要設法解決問題的力量。反之，愈是逃避困難，就愈是退化。無論身在什麼時代，**要養成存活下去的實力，只有靠磨練自己設法解決問題的能力。**

派駐海外的實例(1)
販賣部東京西區經理　秋田徹先生

一九九八年進公司，歷經區經理等職務後，二〇〇七年被調派至海外事業部。在海外參與許多從法人設立開始做起的工作。曾隻身前往北京、雅加達與馬尼拉等地建立海外據點。

我原本就想過要到海外工作，因此老早就向公司提出申請「想要被派駐到海外去」。二〇〇七年，我被調派到海外事業部後不久，就接到前往中國北京的非正式通知。但出發之前的準備時間比我想像的要短，雖然我希望到海外工作，但等到實際要前往海外那時，我還是滿慌的。而且還是沒幾天就要出發。那時孩子剛出生都還沒滿月，想到必須和家人分隔兩地生活，就覺得有點孤單。

我在北京的任務是設立法人。那時無印良品尚未進軍北京，因此我得先設立據點。在沒有公司、沒有員工也沒有外派員的狀態下，我孑然一身前往。由於是這樣的情境，我的第一個任務是幫自己找住處。最初的半年期間，我的住處也同時當成辦公室使用。後來我在當地雇了九名員工，他們每天都到我住處上班、做事。不知不覺間，冰箱裡也放了他們的食物；廚房與客廳裡，他們的私人物品也慢慢變多了。變成一種好像在集訓般的氣氛。由於我完全不懂中文，只能到了當地再學。幸好，中國員工當中，有兩人會講日文，於是每天上午八點到八點半，我請他們教我中文，八點半到九點換我教他們日文，就這樣雙方彼此學習對方的語言。

到中國去的人，可分成兩種類型。一種是馬上習慣中國的環境，活力十足的在當地成長的人；另一種是遲遲無法適應環境，而感到有些疲累的人。我在公司裡算是能夠開開心心渡過外派期間的代表性人物，因此完全不感到痛苦。

當然，還是有很多事我必須嘗試錯誤。例如當我詢問員工「懂了嗎」的時候，大家都會精神百倍的回答我「懂了」。但是當他們說「工作做好了」而叫我去看時，我說了聲「這樣呀，謝謝」之後，一看之下，有時候會發現他們根本沒做好，很讓我感到沮喪。但因為中國人很重面子，這時別在別人面前指責他。而是要努力忍住，告訴那人：「謝謝你，工作做完了呢。能不能到那邊去一下？」等到移動到別的地點後，再把要提醒他的事情一一交待出來，教他方法，請他重新再做。

要和中國人建立互信關係並不容易。但等到雙方真的心靈相契，他們對你會比日本人還親，形成一種堅強的關係。你甚至於會認為「他們應該絕對不會背叛自己」。

由於一開始就像是大家一起在辦公室裡生活一般，我和員工們相處起來就像家人一樣。雖然彼此也發生過衝突，還是發展成為能夠推心置腹交談的良好關係。

中國的一號店開幕後，我依然持續把無印良品的理念傳達給員工們知道，好像永遠也教不完一樣。我也曾多次有過「老是沒辦法讓他們理解」的焦躁感。

現在，在當時我教過的員工當中，有幾人仍在當地的無印良品服務。當上一號店店長的人，現在是北京的地區經理；那時進來打工的另一名店員，現在也已升為東北地區的經理。如今，輪到他們負責在中國把無印良品的理念傳播出去了。聽到他們的消息，我深深覺得，「那時的辛苦真是有代價」。

結束海外派駐後，現在我會以區經理的身分到現場去。前往海外的那五年期間，真的讓我覺得擴大了眼界。假如我們在海外非得積極向顧客傳達，才能讓他們了解無印良品的理念，那麼在日本是不是就比較簡單呢？其實並不是。

以我之見，日本也一樣，以易懂的方式讓顧客理解無印良品的理念，是提高企業價值的重要活動。假如考量到「傳達理念」這件事，重要的是分店所扮演的角色，以及每一位店員自己必須先正確的理解公司理念——這是現在我深有所感的一件事。

派駐海外的實例(2) 有樂町店店長　新井真人先生

一九九七年進公司後，在多家分店擔任過店長。調派至海外事業部後，以台灣與韓國等亞洲市場，以及義大利、法國等歐洲市場為主，擔任當地分社長暨負責設立法人的工作。無印首度進軍中近東的杜拜與科威特時，都是由他打頭陣。

因為我父親工作的關係，兩歲到十二歲左右我都在南美長大。因此，我算是有些熟悉拉丁系的語言。我們住過秘魯與巴西，雖然當地用的是西班牙文與葡萄牙文，但二者都和我後來派駐的義大利的語言很相像。雖然我有這樣的基礎，但很大一部分其實還是在我前往義大利報到時，和當地人互動的過程中，才漸漸學會義大利文的。一開始我是到米蘭去，由於過去四年半都採派駐制度，只有一位日本人在那裡，因此從成立公司到開店為止，我都一手包辦。舉凡人事、會計、宣傳乃至於促銷活動，每一樣都必須由我自己來做。由於我原本就是想到海外才進無印良品的，所以曾經考過美國公認會計師之類的證照。但有關人事、宣傳這些工作，我可就一竅不通了。因此，我是在當地與律師、顧問、會計師面對面學習。

我覺得當時的經驗在我回到日本後也相當有幫助。我學到從俯瞰的角度觀察整個組織，像是要成立公司需要哪些部門，各個部門分別扮演何種角色，它們之間又是如何通力合作等等。也就是養成了身為經營者的眼界吧。不過，因為當地只有一名日本人，沒有人可以分享資訊，有很多事都是只有自己知道。由於這種事在其他只設置外派員的國家也同樣發生，因此在我待在當地的時期，在歐洲總部所在地倫敦設立了控股公司，改為由它來統籌無印的每一家販賣公司。

在那之後，我就盡可能與倫敦總部共享資訊。無印的各家子公司會每週報告最近發生的問題，建立起一個大家共享資訊再做判定的體制，這到現在也都還繼續沿用。

我學到的另一件事是，在海外招募員工時，「起用某個人」是否得當，很大一部分取決於你能否徹底認清對方。

由於歐洲極重個人主義，每個人都是自己思考、自己行動的。但也由於他們比較自我，能透過教導訓練他們的部分相當少。另外，拉丁國家訂有以保護勞工為基本做法的法律，一旦雇用某人，就不能要他辭職。為此，要升一個人當幹部時，都要事前做好調查，員工也是要經過半年左右的試用期，認清他之後才會雇用。不過，也有人在試用期間一結束的瞬間，就馬上變了個人……相較之下，日本人員工固然可以守規矩的做事，卻多半都很容易在意起周遭的意見，算是各有好處與壞處吧。

■MUJIGRAM的存在，讓溝通變得容易

在當地指導店員時，所依據的終究還是MUJIGRAM。

但因為不同國家的法律不同，有些事情無法跟催；相對的，當地的一些做法，也有值得參考之處。因此我們是以臨機應變的方式，某些作業使用日本的方法，某些作業如果當地做法比較好，就予以調整。例如，有一種以視覺的形式做店頭展示的手法，叫做「視覺行銷」（Visual Merchandising，VMD）。在設立分店時，全體員工都必須先懂得它，因此在台灣與韓國開始設點時，以及在義大利與法國指導店員時，都是把日文

的MUJIGRAM分發給他們。假如沒了這樣的指導手冊，A店長和B店長陳列商店的方式就會不同，會變成像是個人商店般的東西，就很難展現出無印良品的品牌特性了。

在業務方面，我們會用MUJIGRAM告知基本事項，再把業務交辦給信得過的店員，這樣就算未來自己離開，當地店員自己也能經營得很好。由於拉丁國家很重視人與人的關係，因此工作能否順利推動，取決於你的人際網如何。職稱不是重點，重要的是你能否建立人與人之間的往來。所以在交接給接手我工作的人時，我是把重點放在介紹他和別人認識，比較不是放在介紹業務上。

派駐海外的實例(3)
物流部課長　松延實成先生

大學畢業後先到其他產業工作，一九九六年轉職至無印。分派至店面、當過幾家分店的店長後，在二〇〇九年進入物流部門。二〇一〇年九月起的三年間赴中國工作。

我在中國負責物流與系統。當時，分店數不是那麼多家，但總之中國就是國土遼闊，我們非得建立一個能夠讓各分店毫無延遲收到商品的系統。這個系統必須能夠保管商品，且能視需求小量配送到分店去。那時我的工作就是和負責該流程的當地物流公司一起建立無印良品的物流技術。但一開始的一兩個月裡，我察覺到，假如要用日本的思維做事，會非常困難。

日本人與中國人的想法畢竟截然不同。日本人在收納東西到箱子裡時，一般的常識都是要「整整齊齊收進去」。但中國人卻會順手把鞋子放在T恤上。而且把長寬不一的商品收在一起，箱子的蓋子會蓋不上，但他們還是會硬把蓋子蓋上，再貼上膠帶封起來。由於有這樣的狀況，我必須先從「如何把東西整齊的收到箱子裡」教起。這是因為兩國的環境與常識不同，無可奈何就是會這樣。

這種時候，假如在給與指導時講的是「我們公司都是這麼做的，請你照做」，他們會聽不進去。除非告訴他們「這麼做比較好收納，而且未來假如我離開了，懂得這樣收納的人，就會如同懂得別人所不懂的特技一樣」，點出對他們的好處何在，否則他們不會產生「那就來試試看好了」的意願。

中國人很注重合理性，假如我們希望他做的事，與他自己的利害不一致，他們就不太願意做。所以要一開始就點出對他們的好處是什麼，再說出希望他們做的事。因此要經常在日本人與中國人所認知的「合理性」之間，找尋彼此相契之處。

去了中國給我的感覺是，我們勢必要建立一套外國人也能吸收、易懂的指導手冊。雖然我們在中國也使用MUJIGRAM，但光是把日本的MUJIGRAM翻成中文，還是有一些無法講清楚的地方。例如當我們建議中國店員「向顧客出聲時，不要大喊，要走到他們身邊再開口說話」

後，他們卻是先緊貼在顧客的背後，接著以一如往常的大音量和顧客說話。日本人認知的「身邊」，和中國人認知的「身邊」，是不一樣的。

所以，為了讓任何一國的人都能清楚讀懂，必須以插圖或照片說明「要站在距顧客五十公分處」。因為美國是個多民族的國家，不能以文字說明，要改用「圖像符號」（pictogram）說明才行。我那時的看法是，到最後MUJIGRAM勢必整本都得全部做成插圖式的。

■就算不上手，一樣能設法把事情完成

由於我必須一個人一手包辦物流，確實也曾感到過壓力。我得在中國從零打造起物流的機制。雖然不乏辛苦事，但現在回頭想想，那時能讓我有這樣的經驗，真的很感激。

總之，我務必要先建立「原點」，否則將無從建立接下來的「座標」。假如來接我位置的人還得再從原點建立起，可就累人了。因此我心想，就算碰到一些問題，那也無妨，「總之把原點建起來就對了」。未來的後人，只要再一點一點慢慢修正就行——假如沒抱持著這樣的心情，根本不可能從零開始設立據點（原點）。到最後，我的感覺是「只要放手去做，自然就能

完成」。

人無論去到哪裡都能習慣，就算語言不同，一樣能設法把事做好。回國後，我回到物流部門，大家都說「你變得會聽別人的話了呢」（笑）。在那之前，我想我都是只拚命的講著自己想講的話而已。和在中國時相比，在日本由於語言相通，我會連一些可以不用看到的地方都看到，而且大家細心的程度根本高到在中國時所無法想像。回日本後，這樣的差異甚至於大到讓我覺得有些困惑。

自己的海外進修計畫，自己負責

無印良品自二〇一一年起，開始嘗試把所有課長都送到海外進修。期間是三個月，但**要去哪個國家，以及去那裡做什麼，都讓本人決定**。在當地要住哪裡，也由他自己去找。看是要住飯店，或是要租公寓都好，總之必須自己從這些事情規劃起。

每年要送二十人出去，預算在四千萬圓左右，等於每個人有兩百萬圓左右的經費。

基本上，其中很多人都會選擇無印良品已經開設分店的地區，再擬定看起來與目前業務有關的計畫。但是，人才培育委員會並不會建議他們到當地的無印良品參與什麼業務。就算他們想去與無印良品毫無關聯的公司或店家工作，我們也都認同。

有些員工會擬定到無印良品海外工廠視察的計畫，有些則擬定開拓新工廠的計畫。也有商品開發部的員工表示「想開發義大利麵醬」，於是到義大利三個月的時間裡，淨吃義大利麵。也有負責開發美容商品的員工為了查訪歐洲的香水、護膚商品與有機商品，而在各地飛來飛去。

擬出計畫後，要先向人才培育委員會報告，但我們不會打任何回票。在預算方面，也沒必要事前就在計畫中具體交代什麼事需要花多少錢，一切都由員工自己在當地控管。如果碰到什麼突發狀況，導致中間就把預算花光，我們也不會當下就要他回國，員工日後也沒必要負擔追加的花費。

百分之百的「責任自負主義」。**我們雖然出錢，但總公司完全不會開口下指導棋——這就是無印良品流的海外進修。**

在課長人不在日本的期間，我們完全不會去考慮要由誰代理課長職務。因此，在展開海外進修前，很多人都持反對意見，認為「課長有三個月不在公司，第一線會很混亂」。課長們自己對於丟下工作到海外去感到不安，部下也會很為難，因為「課長無法提供指導，十分困擾」。

但我們早有為這種狀況準備的業務標準書存在。只要將業務項目標準化，不管是誰好幾個月不在，工作一樣都能推動下去。

我們讓課長與部下們知道「沒有什麼業務是非課長不可的，只要部下們把事情分掉應該就行」之後，他們總算能夠接受。等到課長們進修完回來後，發現業務還是照樣推動，順暢無比，就會實際感受到「真的是就算自己人不在，工作也能照樣進行」。

事實上，我們聽說在課長前往海外進修的期間，還是有一些部下會寄電子郵件找課長商量事情。然而，一方面課長人在遠地，無法下達詳細的指示；另一方面海外也有時差，部下沒辦法等到課長回信。自然而然，部下應當就能漸漸學到，要根據自己的判斷行事。

海外進修不但對課長自己是個考驗，對於留在國內的部下們來說，也是很好的思考。未來這些部下不可能永遠都當別人的部下，總有一天他們會以領導者身分獨立。現在就像是先讓他們模擬體驗一下。

在進修期間，總公司不會聯絡課長們；一開始也已經告訴他們，中間不必做任何報告。因此，就算他們在海外不做事只玩耍，總公司也不會知道。到了國外就是他們自己的問題了，看是要活用還是要浪費這段進修期間，都由他們自己決定。

但等到結束進修回來後，就會請他們到人才培育委員會報告。

我和社長金井都會出席，這場聚會真的很令人期待，因為我們可以和成長許多的課長們碰面。其中有些人還曬成黝黑的模樣。

至於進修的「正式舞台」，是在回國之後。唯有把海外進修時的體驗活用到日常的業務中，才稱得上是有成果。像是提出新商品的點子，或是採用海外行銷手法等等。不過，成果不僅僅限於直接活用到業務上的部分。

這些課長會形成一種經常發掘問題、並試圖透過自己的思考解決問題的意識，及就算碰到問題也會面對、絕不逃避的覺悟，乃至於努力更深入理解對方的溝通能力。讓他們學會發揮這些能力一事，稱得上是最棒的進修成果。

從外部確認公司的盲點

大約在四年之前，根據產業能率大學的調查，「企業每兩個新進員工，就有一個人不希望到海外工作」，這樣的資料還成了大家討論的話題。我想現在，狀況應該還是沒什麼太大改變吧。

雖然大家都知道，年輕人「只想窩在國內就好」是個問題，但現在就算待在日本，還是可以透過網路得知每個國家的消息，在日本要吃到全世界的料理也不是問題，生活也很優渥。或許在年輕人的心裡，他們並不想到國外去，真的就只是基於這樣的理由。

但就算當事人沒有「理由」出國，也必然存在著到海外去的「意義」。假如不實際親身感受過，將無從真正得知海外的狀況。反過來說，假如沒在海外發生過摩擦，對於海外市場的意識就會變得薄弱，搞不好還會形成「不想要碰海外」的念頭。

我們原本決定實施海外短期進修的目的之一在於，「不要只看著日本國內的狀況做事」。以無印良品來說，今後海外分店將和日本一樣多，甚至於超出日本的數量。在這樣的時代裡，我們要避免員工不把海外放入眼界之中，成為「抵抗勢力」的危險性。為此，才會希望員工能夠體嘗一下「把置身於海外當成普通事」的感覺。

到海外去工作還有其他好處。

透過海外調派或進修，可以有機會從外部觀察自己的公司。

雖然無印良品到海外設點的速度年年變快，但在全球的認知度還是不高。在這樣的背景下，法國卻是我們開店開得很成功的一個國家。法國人原本就對日本文化有高度評價，因此他們也把ＭＵＪＩ看成與日本的禪或茶道具有相同精神的品牌。另一方面，中國的顧客則多半是出於「這東西是日本製的，所以我買」，而非出於「因為是無印良品的商品，所以我買」。

為了像這樣前往幾乎沒人認識無印良品的地方，讓當地人認識無印良品，就必須面對一個問題：自己對於公司，到底理解到何種程度？在傳遞無印良品的理念時，能夠精確到何種地步？為何無印良品的商品設計都很簡約？是不是任何一家分店的陳列方式都是決定好的？

假如當地店員認為「這樣陳列比較好」，而擅自改變陳列方式的話，外派員工就必須連同無印良品的理念在內，好好向他們說明。由於外派員工嘴裡講出來的東西，未來將會在該國逐步形塑出無印良品的品牌形象，因此不能夠隨便講講。這會是測試自己對公司理解到何種程度的好機會。

我經常聽到，有人在和外國人聊天時，對方問了一些有關日本文化或歷史的問題，他卻完全答不出來。因此人必須走出去，才能察覺自己到底有多無知。

各位也是，在和往來對象互動時，應該也曾經從中感受到自己公司的好或不好吧。愛公司的精神固然重要，但如果不假思索就對公司深信不疑，也很危險。若能培養出從公司外部觀察公司的眼界，就會產生「想要改善問題」的意識。

無印良品雖是一家凡事都能讓你挑戰的公司，但從另一種角度來看，也意味著**如果你不主動思考、主動行動，將會一事無成**。派駐到海外或是到海外進修，應該會是一個深切感受到自己的不足，進而思考未來要以何種方式投入工作的好機會。

各位未來若到海外旅行，當地若有無印良品的分店，請務必走進去看看。或許可以在那裡找到正在孤軍奮戰的無印良品員工。

假如試著和他們交談，或許可以聽到他們講講海外的經驗談。與其由我來講，還不如直接聽聽員工怎麼說，應該更能夠讓人產生共鳴。

海外短期進修的實例(1)

WEB事業部課長　川名常海先生

一九九二年進公司。在店面工作後，被分派至總公司的宣傳促銷室。二〇〇四年改派至WEB事業部，擔任兩個課的課長，有二十名部下。

我的海外進修從二〇一一年六月起到八月底為止。我們是第一批人，由於史無前例，沒有任何既定規範，公司的意思差不多就是「要到哪裡去，要在當地做什麼，全都請你們自己決定」。不管你在當地有無門路，就連要住飯店或是要租公寓，全都得自己決定。雖然可以自己設定進修內容的水準以及範圍，這一點本身很輕鬆，但「每件事全都要自己一個人決定」就讓我覺得不容易。

我真正到底想做什麼呢？在我反覆自問自答的過程中，我有了想法，希望能在目前我正在推動的數位行銷領域中，到最尖端的企業去看看。一查之下，我認識了Wieden+Kennedy、AKQA等全球性的數位行銷大廠。

雖然我心想：「能不能設法進到裡面學東西呢？」但我毫無門路可言。那時，我想到有個高中時代的朋友在倫敦做創意工作。剛好我有他的臉書，這真的就像是伸手去抓救命稻草般。於是我傳了訊息給他，表明：「我必須自己設計進修的內容，倫敦那裡有沒有願意收留我的數位行銷代理商？」結果，他回我的訊息裡寫著：「我現在在AKQA的倫敦分公司擔任耐吉的創意總監。」真的是太巧了。因為我英文也不太會，心想這是個機會，就請他幫我在AKQA安排個位置了。

AKQA的倫敦分公司和無印良品的店面剛好只有一站左右的距離，於是我就以「一半支援當地分店、一半在AKQA學習」的心態，安排我的進修計畫。

■在倫敦的數位行銷公司學習

AKQA有來自各國的員工，真的是一家全球化企業。

由於它是家數位行銷公司，大家都是面對電腦默默的打著字，看起來好像不太和別人溝通……但事實上卻是相反。

例如，只要某人在板上貼出一些網站或應用程式的圖片，向大家說：

「占用一點時間可以嗎？」大家就會馬上集合過來。接著大家會一起討論，彼此提出「不妨這麼做」的建議，提完後大家就又一溜煙走掉了。幾乎沒有冗長的會議，而是每天都在開這種小小的會議。

最近，由瓊·貝爾（Jon Bell）提倡的「麥當勞理論」在網路上成為話題。每當大家打算一起去吃午餐時，問每個人「今天要吃什麼好」，他們都沒什麼意見。但只要有人一開始就建議「那，我們去吃麥當勞吧」，就會不斷有人提出「不要，那還不如去那家蕎麥麵店」之類的意見。只要像這樣，一開始隨便丟個什麼想法出來都好，那些不想照做的人，就會一個一個提出他們的想法——就是這樣的一套理論。我覺得，小小的會議，應該就有這樣的效果吧！

於是我趕緊把這種開會方式用在自己的團隊身上。我們取消了只為了報告事情的會議，改為召開五分鐘左右的小會議，開完就咻的一聲解散。

尤其是我所待的那樣的單位，大家都面對電腦，很容易就不和別人溝通。但後來我開始覺得有件事很重要：與其等待哪個人用他了不起的頭腦丟出多棒的點子，還不如大家一起討論，慢慢累積東西，反倒更能得到各種不同的觀察角度。雖然一個人自己煩惱也無法擠出什麼東西來，但等到有人從外面大動作丟出什麼課題，有時候就會想到「不是可以這樣做嗎」，而找出解決之道。透過進修，我的想法改變不少，開始覺得和同仁間保有這樣的關係也很重要。我覺得這是因為我在短期進修中累積了各式各樣的經驗使然。

海外短期進修的實例(2)
食品部經理　鈴木美智子小姐

一九九二年進公司。在店面工作後，分派至商品部的服飾部門。其後，以店長身分帶過多家店，在二〇一〇年回到總公司進入食品部至今。

現在，無印良品在中國的分店數逐漸在增加當中。因此，我們也開始從日本出口食品類的商品過去。但在東日本大震災後，中國對此的管制趨嚴，日本無法出口的東西因此變多了。

為此，我在海外短期進修的主題，訂的是「在中國當地找尋工廠幫我們生產商品」的計畫。希望在中國找到能生產出品質和日本相同，並且以同樣方式幫我們管理的製造商。一方面請目前在日本往來的製造商幫我們介紹中國國內的製造商，另一方面也找進軍中國的日本企業幫忙。

我們在當地拜訪了十多家廠商，最後只有一家讓我們覺得「這家工廠似乎可以委託」。雖然我只懂日本的工廠體制與環境，但當地工廠的衛生管理方式有不少讓我存疑之處。回日本後，我又請其他負責的同仁幫忙找了候補的工廠，日後候補的工廠也有了一些改善，大概三個月左右，我們總算認定了兩家工廠。

■日本的常識在全球不管用

在中國最讓我吃驚的是，中國人不相信在中國生產的東西。中國的無印良品員工，也非常希望把在日本生產的東西進口過來。

上海充斥著日本商品，而且價格很貴。但民眾還是照買不誤，把它當成一種時尚。我發現到，他們認為手裡拿著寫上日文的日本製零食享用，非常帥氣，會讓人家覺得你很有錢，也是一種地位的象徵。

我曾有機會和一位在中國的日本企業高幹談過話。他告訴我：「日本人是以相信別人為起點，是透過彼此的信賴關係做生意，因此往來廠商如果出包，會感到非常生氣。但在中國等其他國家，都不會這麼輕易相信別人。所以就算你以在日本理所當然般的感覺生氣，那也只是日本的標準而已，不是全球的標準。這一點最好要留意。」

我覺得真的是這樣呢。對無印良品來說是常識，對社會來說卻不是。

假如只待在日本，就不會知道這樣的事。由於和人在中國的外派員工通電話或寫電子郵件也只有一小時的時差而已，因此他們都很快就會回覆。但一想到他們是在一個自己的常識不管用的環境中奮戰，我不禁覺得，不能強行推動日本式的管理方式，造成他們的困擾。

我覺得有很多事都是要到當地去才會知道的。在中國，什麼樣的商品要以什麼樣的價格銷售？顧客是怎麼買的？物價大概多少？這些事情都得實際看到在那裡生活的人才會知道。生產商品時也一樣，如果不懂得當地的狀況，就無法訂價。我在中國時也曾多次到超市與便利商店調查過，才漸漸了解到「必須訂這種水準的價格，顧客才會買」。

不過，假如要直接就以那樣的價格帶提供商品，不但材料的水準會下降、味道變差，也無法展現無印良品的特性。為此，有兩個月的時間，我是帶著迷惘在做事的。

由於一直以來我們都只看到無印良品在日本國內的市場，心裡不由得只知道要想「這東西在日本的話似乎會暢銷」，卻未能再去考慮到，同樣的商品，海外顧客會有什麼樣的看法？自己生產出來的東西是怎麼賣出去、怎麼散布出去的？

我深深覺得，今後我們必須調整關注的角度，商品當然要繼續生產下去，但是也得留意，生產出來的東西是不是同時能夠好好的把無印良品的概念色彩，濃郁的傳達出來。

絕對不要逃避問題

本章的最後要談「覺悟」。

任何人都有工作不順的時候吧。可能是和主管或部下對立，或是花了一番心力完成的工作，卻未能贏得好評。

這種時候，我個人不會去想「那就來轉換一下心情吧」，而是會立下更大的覺悟，告訴自己「我只能正面迎戰，殺出一條血路」。

光是轉換心情，問題還是沒有解決，只是把問題留到日後而已。很多問題隨著時間的過去，只會愈來愈嚴重。

但如果與之妥協，又會陷入自我厭惡當中，就算試圖透過喝酒轉移注意力，心裡還是會留下疙瘩。

與其留下這樣的感受，還不如正面面對問題，徹底處理問題，會健康得多。唯一能做的，就只有正面聚焦於事情不順的原因，再努力排除它了。

例如，和周遭同事相處不融洽時，就只能調整溝通方式。這時如果只是抱怨「那個主管根本不懂第一線的事」、「那個部下都不聽別人講的話」，也無助於解決問題。這麼做只是把視線從問題的本質上別開，逃避問題而已。

我們能做的，只有設法讓主管理解第一線的狀況，以及改變下指示的方法，讓部下願意聽從。只要像這樣尋求正面突破，必定有某種方法可以運用，也必然能解決問題。

況且立下這樣的覺悟，其實反而能讓精神輕鬆。假如只想著怎麼逃避，不是反而會累積不必要的壓力嗎？我認為這正是這個社會的上班族之所以漸漸失去活力的原因。

一九九七年，消費稅調高到百分之五的時候，無印良品曾陷入嚴重混亂中。

顧客蜂擁而至，希望在漲價前把能買的都買一買，導致商品的配送速度跟不上。

因為配送業者也和其他企業簽約，所以沒辦法只送無印良品的東西。大約有兩三個星期的時間，物流功能停擺，動彈不得。每天都有許多顧客來電質問或抗議。

那時，我是負責物流的幹部。部下們一接電話，顧客就罵個不停，「東西根本沒送來啊。是怎麼一回事？叫你們負責人出來！」後來他們很害怕接電話，都跑掉了。但是我身為負責人不能逃，也只能盡量接電話，向顧客賠不是。

因為沒辦法再等到配送業者的產能回復正常，那時我們把所有能做的事、想到可以做的事，全都做了。像是請運輸業者紅帽公司（輕型汽車）幫忙把商品從府中的物流中心送到弘前等等。

那真的是一段無暇休息的繁忙時期。到現在我還是覺得，那時候的殘酷體驗是最棒的訓練。

我們也把那時的經驗活用到現在。

二〇一四年，消費稅要提高到百分之八的時候，無印良品向外界宣告，我們的價格與標示，不會有任何的更動。

無印良品的商品，價格都是「00圓」或是「000圓」的整數，假如要把稅金增加的部分轉嫁給顧客，價格的標示就會失去這種清爽感。因此，我們決定增稅後不改變定價，而是從檢討物流費用以及提高在東南亞生產比率等方式壓低價格。等於說絕大多數的商品，實質上都降價了。

我們提前幾星期就告訴大家，媒體也為我們報導了。

既便如此，還是有趕著消費的顧客蜂擁而至，打亂了配送的效率。但由於我們事前早已擬好對策，沒有像上次那樣驚慌。

碰到問題，畢竟還是只能正面突破，不要逃避。

你愈是逃，問題會變得更嚴重，還會跑來追你。

只要把當下能做的事全都做一做，自然而然就能渡過難關。

團隊合作不是靠建立，而是靠培育

一旦形成派系，就會產生出一種「想要守住自我與團隊利益」的意識。對團隊有利的資訊，就會想藏私；讓同夥居於優勢的權力，就會想占取。恐怕也會和其他派系互扯後腿。

4 章

無印良品有團隊，但沒有派系

大家都說，日本人善於團隊合作。

即便是自視甚高的中國人，也不得不說：「單挑的話，我們不會輸日本人；但如果是團隊競賽，就很難贏日本人。」

然而，團隊合作一旦朝不好的方向發展，就會產生派系。

據說只要三個人聚在一起，就可能形成兩個派系。無論是企業、學校、政治還是行政，就算是擁有相同興趣的社團，也都會有派系存在。

日本人尤其有一種群聚的特性，不太有自主行動的習慣。與其自己思考或採取行動，不如跟著群眾走還比較輕鬆。可能因為這樣，各種組織才會成為派系的溫床。

乍看之下，派系會呈現出成員彼此間的連帶感。但真的是這樣嗎？

我認為，**派系就像「獅子身上的蝨子」，正腐蝕著組織**。

一旦形成派系，就會產生出一種「想要守住自我與團隊利益」的意識。對團隊有利的資訊，就會想藏私；讓同夥居於優勢的權力，就會想占取。

恐怕也會和其他派系互扯後腿。

這些行為，都不再是「為了組織」或「為了公司」。大家的想法已經變成：「只要自己和同夥好，其他都無所謂。」這將會使組織不斷衰退。

以零售業為例，商品部與銷售部的關係一直以來都不太好。就連我曾經待過的西友也不例外。高級幹部的周遭，都會有一群拍馬屁的人。公司的業績之所以低迷，這或許不是唯一的原因，但如果每個人都是為了組織著想，而不是為了派系著想的話，結果肯定會不一樣。

無印良品基本上也都是以團隊的形式在運行。但我們雖有團隊，卻沒有派系。

我們固然也曾經有過派系的存在，但在公司大膽推行輪調後，緊守特定人物或立場的做法，似乎已經失去意義。

另外一個派系無法形成的原因，就是「業務標準化」。

無論哪個人，在哪個時間點到哪個部門去，做的事都跟前人一模一樣。不管是剛進公司的菜鳥，或是已經待了很久的老鳥，這套機制都能讓你用同樣的方式，去處理同樣的工作。

首先，這可以排除掉「只要自己不在，工作就無法運行」的情形。這意味著公司不再因人設事。就算原本負責的人不在，業務還是可以照常運作，也能夠避免權力集中在一個人手上。一旦察覺到「獨贏也沒有意義」，那些人就會對團隊產生歸屬意識。

再者，排除因人設事，也可以防止權力集中於一個單位。銷售單位再怎麼厲害，也無法獨自拉著整個組織前進。組織需要商品開發的能力、展店的能力，也需要打理門市的能力，只要缺少任何一項，組織都無法成立。

由於無印良品**會讓員工輪流到不同部門去親身體驗，自然就會把「每個部門都很重要」的想法，深植於他們心中**。

團隊合作之所以能在無印良品能發揮功能，原因在於每一位員工都擁有相同的目標。

這個目標就是，讓無印良品這個品牌能夠繼續存在下去。目標所朝向的方向，不可以是「社長」或「會長」。它必須朝向「公司的未來」或「團隊的成功」。

我會在本章介紹，我們如何透過無印良品流的手法創造團隊合作。

其實也沒有什麼特別的方法，都是一些極為簡單的東西。各位應該會體認到，需要的不是魅力十足的領導者，也不是集結許多有如四棒打者般的優秀成員，就能讓團隊成功。

團隊合作只能靠長期的溝通穩固下去。假如疏於這樣的基本功，將會讓團隊不知何所往。

運用成員力量，組成最強團隊

愛看職棒的人應該都知道，巨人隊曾經有一段時期，全隊都是第四棒般的強棒。但這麼做讓巨人隊獲勝了嗎？事情可沒這麼順利。**就算召集了最強的成員，也不能保證就能組成最強的團隊**。

一旦缺乏踏踏實實在壘包上往前推進的選手，就無法累積得分；一旦缺乏善於跑壘的球員，將無法擴大攻勢。

棒球不是攻擊就好，守備也很重要。投手群也一樣，要有先發、中繼等各種類型的選手，還有能好好守住外野的外野手也很重要。

假如每個人都只想打全壘打而老是大力揮棒，就得不到分數，也無法守住失分。棒球就是這麼一種靠團隊合作的運動。

企業內部的工作，基本上也是以團隊為單位運作。

成為團隊領導者的那個人，可能會抱持著「我希望把精英都找進來當成員」的想法吧。

然而，假如團隊所有成員全部都很優秀，會怎麼樣呢？搞不好會因為人人都只想自我表現，導致領導者無法統御團隊。工作當中一定會有一些事務性的事情要做，優秀的團隊成員也可能不想碰這種無趣的工作。

我的想法是，團隊不必在建立的時候就追求完美，而是要**在建立之後**，**逐步運用所有成員的力量，把它變成一個堅強的團隊**。

在建立團隊時，領導者畢竟還是得想著「整體最適」，而不能只想著「局部最適」。提升個別成員的水準或效率這種「局部最適」固然重要，但如同我多次強調的，就算把再多的局部最適加總起來，也無法創造出整體最適。

領導者不能只考量到自己的單位，也要考慮到如何與全組織調和，創造出對公司來說最大的成效。在挑選團隊成員時，必須從這樣的角度切入。

例如，某個單位如果找來許多營業部的優秀員工，該單位的業績是會增加，但全公司就失去均衡了。考量自己單位的利益固然重要，但如果成員全都只想著這樣的事，會變成只能實現局部最適。

在建立團隊時，如果不好好對最初的人選做通盤考量，將無法實現整體最適。

在無印良品，假如有什麼大案子，基本上會召集不同部門的成員組成團隊負責。因為，唯有人事部、銷售部、商品部等單位都打破藩籬通力合作，才可能追求整體最適。為此，必須讓與專案有關部門的人（或者說是「各部門有影響力的人」），毫無隔閡的齊聚一堂。

在單位內部建立團隊時，基本上也是一樣。

在挑選團隊成員時，必要的考量不是「是否能找到優秀人才」，而是「是否能找到合於角色的人才」。唯有找來擁有各種不同的能力、不同的個性、不同的觀點的成員，才能成為堅強的團隊。

具備領導者特質的人，只要一個就很夠，但是假如好幾個人都是這樣的特質，就會導致多頭馬車的情形。足以擔任領導者左右手的人、善於調整的人、分析力與調查力出色的人——各式各樣的人全都找齊了，團隊才能發揮力量。

請務必謹記，不要淨找領導者自己喜歡的人加入團隊。否則工作上的要求可能會變得比較隨便，團隊無法發揮戰力的可能性也會變高。

此外，毫無疑問，不要找什麼都應聲說好的人，**要找能夠說「不」的人，才能成為最強的團隊。**

還有，最重要的，畢竟還是負責帶領這些成員的領導者。領導者的力量可以讓這個團隊變成最強，也可以讓它變成最弱。領導者必須具備的基本特質，可以粗略歸納為以下幾項：

- 要能讓成員凝聚在一起
- 要能看穿事物的本質

- 要能克服阻礙
- 要能讓工作在截止日之前上軌道並完成

如果各位要挑選領導者，就要挑擁有這些特質的人。反之，如果你自己是領導者，請你把它想成，假如你無法培養出這些特質，你的團隊就強不起來。

領導者也要和團隊一起成長。舉凡讓成員凝聚起來的能力，或是克服阻礙的能力，都不是一開始就完全具備的。其實，無論發生什麼事，都能帶領著團隊走到最後的覺悟之心，或許才是最重要的。

沒有最理想的領導者

很長一段時間，大家都說「日本沒有真正的領導者」。

媒體上充斥著「理想主管」或「理想領導人」的排行榜，或許也是在反映出這種看不到真正領導者的氛圍。

那麼，理想的領導者究竟是什麼樣的人呢？在很多人的認知中，一個理想的領導者，似乎必須均衡的兼具幾種能力：領導能力、人際能力、問題解決能力、決策能力。乃至於自我管理能力。

但從結論來看，我並不認為存在著所謂理想的領導者這樣的人物。領導者必須具備的基本特質已於前一節介紹過，但**一百個領導人，可以說就會展現一百種不同的樣子**。因此，領導者還是得自己發掘出自己的領導能力。

因著時代與當時的文化、公司的組織與特性等各種變數的改變，所需要的領導者類型，也會跟著不同。

例如過去的時代，需要的是像本田宗一郎先生、松下幸之助先生一樣，足以用力量與熱情率領大家前行的強勢領導者。在高度成長期成長勢頭正盛的階段，會需要這種絕對的牽引角色，才足以促使大家往同一個方向而去。

但現在給人的感覺是，領導者不再像過去那樣，需要那麼高的魅力了。

現在，能夠從部下的角度看事情、推心置腹的聆聽他們的意見，這種善於溝通的類型，就會是一個有成果的好領導者。

很遺憾，並沒有什麼奇特的手法，可以讓你「只要照做，必能成為一流領導者」。領導者看似存在著一套固定的理想典範，實際上卻是「無形之型」，端視需求的不同而定。

換句話說，任何人都可能具備足以成為領導者的特質。

根據二〇〇〇年在美國發表的歷代總統排行榜，第一名是喬治．布希（老布希），第二名是亞伯拉罕．林肯；在這兩位偉人之後的第三名，則是富蘭克林．羅斯福（小羅斯福）。

小羅斯福在全球經濟大恐慌時推出新政，不斷推動公共事業，做好接收失業者的準備。他也建立社會保險制度，制定救濟貧困階層、失業者、殘障者的機制，可說是一位創新的政治家。

但是在日本也很受歡迎的約翰．甘迺迪，出乎意料的只有第十八名。

甘迺迪曾阻止美國與前蘇聯之間發生核戰、研擬提早從越戰中撤退，也策劃廢除種族歧視，是一位很睿智的總統。他的功績還包括帶給美國國民很大的夢想，像是推動阿波羅計畫等等。

然而，像甘迺迪那種正義感強烈的領導者，未必能得到很高的評價。與其說哪種類型的領導者比較理想，不如說**評價的高低取決於領導者本身是否合乎那個時代的所需**。

至於是由上而下還是由下而上領導，就不是那麼大的問題。只要能夠重視身為人應有的道德、站在對方的角度為對方設想，成員就會相信你、跟隨你。

很多人都想學習領導者理論或管理理論，市面上也出版了很多書。但最重要的，還是在於「對於工作的信念」。

人是無法用技術操控的。只要以真摯的態度投身於工作之中，看到領導者認真背影的團隊成員，必然就會產生信賴感。

必須懂得何時朝令夕改

上星期決定的計畫，到了這星期狀況改變，被迫得要馬上修改作業內容不可。這種帶有「朝令夕改」意涵的情形，在商業中不時會發生。

朝令夕改這個詞，經常用在不好的例子裡，但我個人卻覺得，**一個人能做到朝令夕改，將是決定他是否具備領導者資質的條件之**一。

當然，假如只是因為想到哪裡就做到哪裡，把周遭的人耍著玩，那就太糟糕了。基本上，領導者還是必須慎重做判斷才對。

但如果還是碰到「說什麼都得改變」的情形時，畢竟還是得做。這個時候，只能毫不猶豫的毅然改變。

人都不是百分之百完美的，也會做出錯誤的判斷。**重要的是後來的因應。如果只知埋頭苦幹、遲遲不做決定，問題會漸趨複雜化**。只能在一察覺到問題時，即刻修正軌道。

規模較小的作業，要重做還算簡單；但如果是大舉動起來的計畫，畢竟還是需要勇氣來推翻它。

例如，假設你認可了部下擬定的某活動企畫案。地點與設備的安排，以及時程表的調整等等，都由這名部下負責，企畫案也已經找了相關人員一起在推了。

然而，假設才經過沒多久，領導者就覺得「目前要在仍屬有限的空間裡集中宣傳，時間上似乎還是太早了點」。要想得到比較好的成效，或許把活動經費改挪到直銷郵件或傳單廣告等項目上，更能夠在比較大的範圍裡宣傳。假如做出了這樣的結論，就必須馬上改弦易轍。

這時，假如自己原本的判斷有誤，也應該好好承認。假如想要矇混過去，部下就會產生不信任感，再接下來有可能就不聽指揮了。

此外，這時如果扭扭捏捏的不做決定，只想著「再觀察一下狀況再說好了」，那麼結束觀望前的期間內所花費的成本，以及部下們投入的心力，將一無所獲。馬上停止所有作業，才是為了部下、團隊乃至於公司著想。

朝令夕改所引發的周遭人員不滿，應該可以在短期內撫平。但如果轉換方向的決定做得太慢，只會引發他們的不信任感而已。

不過，在朝令夕改時，必須遵守一點：**「做法改變，方針不變」**。

只要沒有違背涉及公司基本精神的理念與政策等核心事項，就算改變做法，也不會有問題。

假設，為了把某件商品的價格降低一成，已決定要壓低百分之五的成本。但因為日圓貶值，材料費也隨之變貴。這時，重新研擬商品的降價幅度，應該是最自然的反應。假如為了壓低成本而強迫降低商品的強度或品質，而這又是一家以提供優質商品為政策的公司，那就違背核心精神了。

在環境與條件改變時，為避免違反公司的核心精神，馬上調整該調整的事項，反倒比較好。

標榜「老店風味」的店家也一樣，假如只想一直死守著早年到現在的生產方式，生意恐怕會衰退。因著時代的不同，民眾的偏好與材料的味道也會變化。假如不因應這些變化調整生產方式，將無法守住老店的風味。應該守住的是風味與信用，而非做法。

現在是一個重視經營速度的時代。企業所處的環境每天都在改變，資訊以也令人目眩的速度一再更新。

或許正可謂「變化已成家常便飯」。

在這樣的狀況下，領導者必須養成因應變化的能力、迅速做出判斷。以前得花一個月好好研究的案子，現在有可能在幾天之內就得做出決定。

所以，只能邊跑邊思考。

在邊跑邊思考的過程中，假如說什麼都覺得自己的判斷錯了的話，那就馬上收回。唯有擅長如此調整的領導者，才能逐步培養出善於因應變化的團隊。

工作動機來自於成就感

在團隊的經營上，如何維持成員的行為動機是一大重要課題。

光是告知「本月的業績目標是五百萬」這樣的數字，無法讓大家產生幹勁。訂出每個人的業績目標，也反倒會讓部下產生壓力而愈來愈沒勁。但如果只運用加薪之類的激勵手法，也不是件好事。**光靠金錢，就算能夠暫時激發幹勁，也不會持久。**

人只有在得到很大的滿足感時，才能維持做事的動機。像是「我幫上公司或團隊的忙」、「而且還對社會有貢獻」等等。

也就是說，動機的本質來自於工作成果。「簽到大案子」、「開發出來的商品熱賣」之類的成果，是最簡單易懂的例子，也是最棒的激勵因素。

不過，並不是每個人隨時都能完成這麼重大的工作。公司也不是只靠重大工作就能成立，還得累積許多小工作、小成果。正因為這樣，**管理者更應該認同小工作的成果，並給與讚許。這樣才能促成雖然小卻能持久提升的工作動機。**

有個電視節目叫「我家寶貝大冒險」（はじめてのおつかい）。當小朋友第一次幫忙跑腿，平安買到東西回來時，所有家人都會稱讚他：「你很努力呢，你很了不起呀。」小朋友因而產生自信，日後想要「幫忙做事」的動機也會提升。這時，假如只講一些否定的話，像是「你總算學會了」、「這麼簡單的事，鄰居的孩子早就會了」等等，孩子就會完全失去動力。

其實不只是小孩子這樣，就連包括我在內的大人，也是一樣。

例如，無印良品有個部門專門負責防止顧客在店裡發生事故。

某天，該單位收到一份顧客意見，是關於店內提供給顧客用的鐵製推車。

鐵製推車都是做成四方形，但這份意見提到，推車的邊角假如撞到顧客，可能會很危險。事實上，過去也曾傳出過推車撞到人的情形。

我們馬上組成因應小組，結果設計出以有弧度的鐵管製成、更加安全的推車。一開始我們只在十家左右的分店放置看看狀況如何，也認定它安全無虞之後，我們即刻就在每一間無印良品都採用這款新推車。

就算改善了推車，也不代表就能直接促進門市業績增加。它既非商品，顧客也可能不會注意到推車變更了設計吧。

然而，「讓顧客能夠安全、舒適、快樂的購物」一向是無印良品的理念，這個措施正是實現此一理念的重要政策。新推車上路後，小組發現真的有減少撞人事故發生的效果。我在想，大家應該都感受到創造出成果是一件很有意思的事吧。工作就是這種小小的喜悅不斷累積起來的，可以促成工作動機與團隊合作都逐步向上提升。

假如只以口頭說幾句「你要加油」、「我很期待你的表現」鼓勵員工，他們的工作動機不會持久。但如果能分派讓他們能實際感受到成就感的工作，就能激起他們的工作動機、提振全體成員的士氣。

領導者不能只是鼓勵屬下而已，而是要設計出方法讓他們自己勵精圖治。

如何處理問題員工

據專門處理勞動問題的律師及社會保險理賠顧問表示，前來諮詢的企業，多半問的是「如何因應問題員工」。

領導者對所有部下公平以對是理所當然的。但就算正常待之，還是會有一些攻擊性強的部下或工作偷懶的部下存在。假如狀況比較嚴重的話，或許只能找人來輔導，或是找法律專家商量了。

不過，多半的問題員工，都可以藉由平常工作中的溝通解決。為了不使問題複雜化，應該盡快處理。以下介紹各類型問題員工的因應之道。

●偷懶的部下

工作偷懶的人，在個性的部分固然也是如此，但基本上，絕大多數不是出於不贊同這次的任務，就是被分派到真的很不想做的工作。

對於這樣的部下，就算從精神面切入，說一些「拿出你的幹勁來！」「你是不是太鬆散了？」之類的話，也沒有意義。一再下達同樣的指示，只會讓部下更失去幹勁而已。

這樣的部下，需要的是**向他說明「這項任務的完成，可以在公司內部發揮何種功能」**。而且要一直說明到他本人能夠認同為止。我的感覺是，很多當主管的人沒有對此做足夠的說明，只一味以為「我下指示，部下聽從，理所當然」。

任何作業前面都有「前工程」，後面也都有「後工程」。所有工程串在一起，才是完整的工作，並不是光把自己負責的作業做好，就算完成。

例如，假如一個人負責資料的輸入作業，那麼資料的來源就是前工程；輸入資料後會在什麼樣的地方造成影響，那個就是後工程。主管必須要向他說明前工程與後工程，讓他知道該項作業所涵蓋的意義。

要想耐性十足的把這項作業對全公司「有何種定位、帶有何種影響」說明清楚，是很花時間的。撂下一句「少發問，做就對了」對主管來說確實會比較輕鬆。

然而，花在指導員工上的時間，從長期來看，一定會是加分的。若能因而讓部下覺得「這是我的事」，繼而發動自己的引擎開始奔馳，再接下來就不太需要什麼指導了。

俄國作家杜斯妥也夫斯基在他的作品《死屋手記》一書中曾經寫到：「花半天時間挖洞，再花半天時間把洞埋起來。這種行為之所以會成為一種懲罰，是因為人們無法忍受重複的單調作業。」人如果以「播種」為目的而挖洞，固然不會感到痛苦，但如果只是純粹挖洞再埋洞這種毫無意義的作業，就會覺得痛苦。

工作也一樣，只要工作讓一個人覺得不知為何而做，產生「被迫」的感覺，他就會對工作感到痛苦。

●過度自我表現的部下

這指的是不和周遭的人商量，就獨自一人推動工作，創造成果的人；或者是特意講出「是我完成的」，宣揚自己工作成果的人。我想，這種過度自我表現的人，很多時候都是個「出色的上班族」。

在歐美，這種類型的上班族會很受企業歡迎；但是在日本，由於存在著一種「出頭的釘子先挨砸」的傾向，因此在團隊合作當中，稍微低調一點或許會比較好。

這種類型的員工，都抱持著「想要被認同」的欲望，很想贏得別人的好印象。雖然每個人或多或少都有這樣的欲望，只不過他們這種欲望過於強烈顯現出來而已。

由於這很大一部分是個性使然，並不是想要他們改掉就能改掉的。假如不分青紅皂白的對這樣的員工下達「不要這麼搶眼」、「不要破壞團隊和諧」之類的指導，恐將損及他們的自尊，使得他們失去對工作的熱情。

因此，與其以過於嚴肅的口吻指導他們，還不如在一起去喝酒時，半開玩笑的對他們說：「大家都已經知道你工作很能幹了，我覺得你可以不必再自我表現下去無妨。」或許還比較好。

對於這種員工，或許還得再耳提面命：「在你採取行動前，拜託找我商量一下。」

●凡事都反對的部下

聽到別人的意見，他總是以「可是，這件事有點……」之類的話否定對方。

他會展現出不合作的態度：「反正做什麼薪水也不會變多嘛。」他也會提出批判，但提不出替代方案：「這年頭不流行這種東西了啦。」

其中也有一些人，會有憤世嫉俗的情形。但如果不讓這樣的成員也參與團隊，將無法發揮團隊的力量。

對這種不認同別人言論的部下，要試著分析，「那，誰講的話他會聽呢？」再去找這個關鍵人物，請他幫忙下指示。

例如，假設部下對於自己下達的指示一一反彈。不過一查之下發現，他和之前的部門主管相處很愉快，主管講什麼他都會乖乖聽。既然這樣，就請那位主管來幫忙轉達。

這種時候，我們只能捨棄自己那一點點的自尊。或許心裡會猶豫著：「假如我去拜託其他單位的人，不就好像我沒有能力一樣？」但最重要的議題，畢竟還是讓部下做事。無論採取何種方法，只要能達成「讓他聽從指示」的結果，就是一件好事。

或者，對於那種不認同他人意見的類型，只要設計成讓他自行認同即可。不是由主管來命令他，而是給他幾個選項，由部下自己選擇要負責哪項作業。既然是自己選的工作，應該就會有幹勁了。

此外，假如部下老是講一些否定的意見，不妨把他的意見看成是提高工作精確度的建議。比較保守的人，都會逐一提出他們的擔憂，像是「萬一發生這種事故，怎麼辦？」「萬一往來廠商給我們軟釘子碰，怎麼辦？」假如把他們的擔憂全數化解掉，風險就趨近於零了。很多時候，比較保守的人所提的意見，往往有助於提高工作的精確性。

面對以上這樣的「問題員工」，領導者應該採取的行動當中，有一個共同點。那就是**「不逃避眼前的問題」**。

無論部下和自己如何個性不合，一旦你出現冰冷以對或是不指派工作給他之類的行為，你就是個失格的領導者。**為了順利完成業務，務必要避免在工作中夾雜個人情感。唯獨這件事，必須要靠經驗的逐步累積。**

假如因為問題部下的影響，導致團隊無法完成業務，那就只能更換成員了。這是最後手段，假如只因為「我不喜歡這個人」這樣的理由就隨便換人，使得團隊成員一直在變動的話，團隊會愈來愈無法團結合作。

對自己而言最棒的成員，在工作的推動上未必就是最適切的。沒有任何團隊在一開始就是最堅強的團隊，只能靠領導者與成員一起來讓團隊變得最堅強。

妥協，是最糟糕的決定

團隊成員就算朝著同一目標邁進，也經常會出現意見不合的情形。也可能是正因為非常認真的投入工作，彼此才會起衝突。假如沒有流於感情用事，還是應該歡迎對立的意見。

這種時候，也是在考驗領導者的膽識。

聆聽彼此對立的雙方意見，是最基本的工作。在那之後做最後的決定，也是領導者的工作。

例如，假設要開發新商品時，營業部與商品部的意見不合。

營業部卻說：「要多開發一些暢銷商品。」

商品部則回應：「不想做一些和其他公司一樣的東西。」

這不是誰對誰錯的問題，只是因為立場的不同，想法也理所當然不同。碰到這樣的情形，領導者往往會為了讓雙方意見有交集，而試圖在彼此對立的意見裡找尋妥協的中點。但這麼做其實是最糟的選擇。

領導者必須要冷靜判斷，哪一方的意見更能夠完成任務，實現目標。

但就心情上來講，領導者確實會想要兼顧雙方的立場做決定吧。

領導者或許會提出「那就在開發商品時考慮能否暢銷，並以多種顏色與材質做些變化」這樣的折衷意見。

但最優先的考量不該是和平解決，應該是這個決定是否合乎企業或團隊

的目標。妥協或是調整，都不能算是做決定。

這麼想的話，或許會做出「現在比較重要的是確保產品暢銷，那就走暢銷路線進攻吧」的結論，也或許會決定「不如就著重於產品的創新感挑戰看看」。

無論採用哪一方的意見，一旦決定了，就要好好說明理由，讓大家能夠理解——這也是領導者的任務。

沒被選擇的那一方或許會感到不滿，覺得「很不公平」；但**如果害怕這樣的事情發生，就做出模稜兩可的決定，反倒會讓雙方都留下疙瘩**。

當然，有時候最後最出來的結論，剛好可以同時滿足雙方的希望。

例如，零售業負責商品採購的部門，以及負責銷售的部門，有時候會意見不合。

進貨的人希望一次多進一些才能壓低進貨成本；銷售的人卻不想存放那麼多滯銷的庫存，因此希望調整進貨量。

這時，徵詢財會人員的意見也是個方法，因為他們最知道包含管理庫存的倉儲費用等項目在內的所有金流。假如壓低了進貨成本，卻導致倉儲費用等管理費用增加，那就失去意義了。這時要因應公司的規模計算最適合的進貨量，再重新提案。

無論如何，在做出任何決定時，最後一定要向部下說明，並取得他們的理解；這個流程是很重要的。只要好好做到這一點，就不會流於「獨斷」。

從團隊內部設定共同目標

要想讓團隊的工作能夠推展，目標的設定很重要。

目標有兩種，一種是由公司交辦，由上而下式的目標；另一種是由部下自發性提出來，由下而上式的目標。**無論是哪種目標，予以實現的關鍵都在於「能否在團隊內部共享目標」**。

首先來看看在由上而下式的任務下組成團隊的情形。

這種時候，經營者會向員工告知經營目標、公司的理念與發展方向。各領導者必須理解與消化任務的意義，再據以另行為團隊設定目標。

例如，假設公司以提升今年度的獲利為目標。為此，有些單位可能接到的是「降低成本」的目標，有些單位接到的則是「衝高業績」的目標。假如接到「衝高業績」任務的銷售部，就會根據公司的目標，向團隊下達「比前一年提高三成」、「增加五百萬圓」之類的數字目標。

但團隊目標並不是這樣就訂好了。

為了實現「提高三成業績」，具體來說必須做到哪些事？是要鎖定某些營業區域，要發直效行銷的郵件或傳單，還是必須重新設定目標客群？

領導者必須擬定這些策略、設定拜訪件數或時程，再轉換為讓成員了解該如何行動的目標。

如果要像這樣以團隊形式完成由上而下的目標，重要的是**領導者站在前方，以船長的身分掌舵**。假如把銷售部交辦的「業績比前一年提高三成」的數字直接當成團隊的目標，大家還是不知道要把重點放在推銷高單價商品，還是要多推暢銷商品，大家的理解各不相同。這樣的話，團隊成員的腳步將會不一致。

接著來看看為了由下而上式的目標而組團隊的情形。

無印良品有個由下而上式的活動，叫做「WH運動」（W指加倍、H指減半）。這是一個員工為了促進公司環境的改善，並提高顧客滿意度，才提出來的活動，口號是「生產力加倍、浪費減半」。

舉個例子，過去我們在店裡使用的日常或辦公用品，都是由店長填寫申請單，向銷售部或業務改革部提出申請，經總務部與店鋪開發部審查預算後，才向往來廠商下單。依照這樣的流程，等到門市收到用品，得花上十八天。

某一天，店鋪開發部接到建議，「是不是直接讓店長向往來廠商下單就好？」改為這種做法後，變成六天就收到東西了。等於是以三倍的效率完成工作。

能夠蒐集來自第一線的智慧，正是由下而上訂定目標的好處。

由上而下式下達的命令，是由領導者在收到後獨自決定做法，會比聽取成員意見更容易精確達成目標；但由下而上式的目標就有點不同了。由於是員工的自發行動，先由大家提出自己的意見，領導者再好好把意見整理起來、訂定一個大家都能接受的目標，會比較好。

總之，由上而下式的目標是由領導者消化之後再告知成員目標。由下而上式的目標則是先引出大家的意見，再大家一起訂出最適目標。

目標的設定方式雖然有很大的不同，但無論是哪種目標，重要的是能否讓成員理解它、共享它。共享的程度愈高，也會變得更有成果。

新手領導者要坦率表現自己

在閱讀本書的各位讀者當中，應該也有初次以船長身分出海的新手領導者吧。新手領導者就算模仿本書介紹的領導方式，一開始或許也沒辦法太順利。**新手領導者與其自己在腦中想東想西，或是運用各式各樣的技巧，不如坦率表現自己是最好的。**

「我非得成為大家的好榜樣不可」、「我非得為了團隊成為完美領導者不可」──新手領導者或許很容易會像這樣愛逞強，但一個到昨天為止都還在接受指導的人，今天卻成了指導別人的人，根本不可能馬上就變幹練。

假如不夠幹練，那就在不夠幹練的狀況下做事就行了。

不要一個人把事情都埋在心底，反倒應該告訴周遭的人「我是個新手領導者，請各位多給我指導」，請求大家的支援，會更能贏得大家的協助。

據我所知，**愈是傑出的領導者，愈會讓對方知道自己的弱點**。

「我很擅長洽商時的談判，但整理文件我就很不擅長了。」

「公司的辦公桌我會整理得很乾淨，但自己的房間就老是無法收拾乾淨。」

像這樣公開自己的弱點，反而能讓周遭的人為我們敞開心胸。

人對於向自己展現弱點的對手，也都比較容易展現自己的弱點。相對的，完美主義的人，就容易讓身邊的人在應對時感到緊張。

在第一線出錯或發生問題時，員工必須要能夠盡速回報。這樣的情形也是一樣，假如領導者能率先創造易於對話的氛圍，就能建立起讓員工易於報告或聯絡的環境。

此外，深知自己弱點的人，也比較能夠認同別人。

認為「我很完美」的人，由於眼界偏隘，比較無法接納他人。而這種無法接納別人的人，別人理當也不會接納他。不消說，這種人並不適於當領導者。

儘管如此，一旦成為領導者，要在大家面前放輕鬆，並不是嘴上講講那麼容易的。我剛接社長一職時也是這樣。

畢竟一開始，我還是僵著身子，心裡想著「我是社長」而行動。

一次，當時幫我們擔任外部董事的吉野家社長安倍修仁先生告訴我：

「松井先生，你何不就坦率表現出自己呢？」

他給我的建議是，既然在獲選為社長時，個性也獲得不錯的好評，何不就坦率表現出真實的自己呢？聽了他這番話，我的心情就輕鬆許多了。

請各位也試著展現自己的個性，不要害怕。光是做到這一點，就已經踏出了身為領導者的第一步。

領導者和老師這種居於他人之上的人，看似相像，其實不然。老師或師父之類的人，必須在能力上與人品上都出色，才能贏得學生的信賴。但領導者就算不完美，仍會有部下或後輩跟隨。

我打從內心期盼，各位能建立起自己特有的領導風格。

激發工作動機的溝通方式

隱匿錯誤或問題是最糟糕的。就算是再小的錯，一旦掩蓋錯誤變成家常便飯，出大錯或大問題時，就同樣也會掩蓋。錯誤或問題，對組織或團隊來說，才是最應該分享的資訊。

5 章

「稱讚＋責罵」的溝通法則

現在的主流想法似乎是「要多讚許部下，他們才會成長」。這年頭，由於年輕人抗壓性低，大家都要小心翼翼的與之互動，或許也因而導致更多人都抱持如上的想法。

我非常贊成要稱讚部下，才能讓他們成長，但如果該責罵的時候沒有責罵，他們是不會成長的。

不過，如果是情緒性的怒斥，那就應該避免。

只要點出他未能做到的事或是做錯的事，再告訴他怎麼做才對，也就夠了。這時，如果又多加了幾句「你就是想得不夠」之類的個人意見，人際關係反而會變得更不容易處理。

該稱讚時就好好稱讚，該責罵時就好好責罵。這是溝通時的原則。

第二章曾介紹過「管理支援手冊」，裡頭是這麼寫的：

該責罵時要責罵，該稱讚時要稱讚

在職場裡容易有這樣的傾向：

●「大家都在做的事」，就算是不好的事，也會覺得「可以做沒關係」

●「大家都不做的事」，就算是好事，也會覺得「不做也無所謂」

為了讓員工徹底做到該做的事、徹底避開不能做的事，有三件事很重要：

(1) 在所有人面前明確宣布「該做的事（該受到獎勵的事）」與「不能做的事」

(2) 領導者自己以行動實際示範

(3) 對於全體成員的言行做必要的因應，沒有任何例外

尤其重要的是，當員工做到「該做的事」，就要明快的給與讚許；做了「不該做的事」，也一定要俐落的給與責罵。假如該責罵時不責罵，員工會當成「這件事是被默許的」。

我自己的想法，基本上也是這樣。

假如不徹底以「稱讚」、「責罵」劃分該做的事與不該做的事之界限，

就會變成每個人都以自己的標準判斷好或壞。這麼一來，只會讓第一線陷入混亂。

有時候，領導者必須做好被討厭的心理準備，責罵對方。請各位謹記，**對任何人都和顏悅色的領導者，不是個好的領導者**。

還有，責罵後的修補，在溝通上也很重要。假如沒修補，恐怕會在情感上留下疙瘩。

就算責罵的內容極為合理，但是在受到嚴厲的責罵後，任誰都會不開心。假如任由這樣的情緒存在，可能會引發他的不滿，覺得「我和這個主管合不來」。

我在會議中嚴厲責罵部下時，都會在會議結束後出聲告訴他，「剛才雖然我話講得重了點，但那是因為我很看重你」之類的話。

我覺得，這麼做的話，對方就知道自己為何挨罵，也就能夠坦然接受了，如此還可以讓雙方的情緒都冷卻下來，所以在責罵後找他講講話是很重要的。

訣竅在於，這樣的修補要盡快做。**假如一直等到事過境遷才來做這件**

事，通常只會造成反效果。

我會在本章談談平常我在溝通時會留意些什麼，以及在無印良品的第一線都是用什麼方法溝通的。

間接稱讚，讓員工更感動

無印良品的店長們，似乎都煞費苦心設想如何稱讚店員。

在管理支援手冊中，也列出了一些前輩店長們的建議。像是「隨便什麼都好，一定要找一件事情稱讚」、「假如成果是好的，先稱讚再說」、「盡量先從肯定而非否定的話講起」等等。在溝通上，如何稱讚確實是一個重點。不過，假如平常沒有養成稱讚別人的習慣，等你想到「我要稱讚他」的時候，就會因為不懂得該怎麼稱讚，而產生困擾。

每個人都會有「希望得到肯定」的感受。因此，當別人稱讚自己時，沒有人會覺得不開心。

只要能確切感受到自己的存在或行為，並得到適切的評價，我們就會在高度的滿足感下，維持「我想要再多努力一點」的工作動機。

直接稱讚本人固然也行，但我常用的是「間接稱讚」的方法。

不是直接向對方講稱讚的話，而是經由第三人告訴他「我在稱讚他」這個事實。

以我來說，我會在雜誌等媒體找我採訪時，告知採訪的人：「如果要針對這個主題採訪，請你去找這個單位的這個人。因為，無印良品在中國的事業之所以能夠成功，都多虧他的功績。」

等到採訪的人去找我的部下訪談時，必定會提到：「松井先生基於這樣的理由，推薦我們來採訪您。」這會使得部下覺得「老闆這是在肯定我的工作表現」。

我認為，與其當面稱讚「幹得好」，不如以間接傳達的方式，他們應該會更加感動。

有一種在行銷中常用的心理效果叫「溫莎效應」。與其由當事人自己推薦「這個很棒唷」、「這個很好吃唷」，交由沒有利害關係的第三人傳達

「這個很棒耶」、「這個很好吃哩」，反倒更能讓人相信、更能給人好印象。亦即，**口碑行銷會比直接自我宣傳的效果來得好**。

「間接稱讚」，或許就和這種情形相同。

例如，可以考慮這樣的方式：和同事去喝一杯時，可以把不在現場的部下拿出來當話題，稱讚他：「最近，那傢伙很拚哩。」這個同事或許就會幫你轉達：「課長那天稱讚你耶。」

或者還有另一種稱讚部下的方式：向往來廠商透露，「工作接下來的部分交由我的部下〇〇接手，他是我們公司期待的明星。」往來廠商和你部下碰面時，若告知對方「上次聽到你們主管稱讚你」，部下應該就會知道自己受到肯定而感到開心了。

要像這樣設想有什麼管道能夠把讚許的話傳到他本人耳中，間接稱讚。當你的稱讚話傳到他本人耳中時，他應該會開心於「竟然這麼肯定我」，而他的工作動機也將因而提升。

隱匿問題是致命大忌

一旦以團隊形式做事，就必然會發生「有人犯錯」的情形。這時，就算指責犯錯的人，意義也不大。**不消說，當事人對於犯錯一事自然感到懊悔**。但如果只說他一句「下次給我小心點」，對於解決問題或預防問題的發生，實在稱不上有幫助。

領導者的工作，就是在責罵他之前，先探究犯錯或出錯的背景因素。犯錯的理由，如果只是單純的「人為失誤」，那只能重新審視作業機制，予以改善。

例如，假設在製作傳單或廣告時，在校對的階段未能揪出錯字。這種時候，只要求他「下次多注意點」並不夠。假如雙重檢查還不行，那就全體成員一起檢查。透過像是「強制安排檢查時間」之類的機制，會更能解決問題。人就是這樣，就算有人提醒自己「要小心別犯錯」，還是會犯錯。如果忘了這樣的大前提，輕易相信「只要認真做，絕對不會失敗」，可能反倒會捅出大漏子。單純的犯錯，務必要透過機制補強，否則錯誤是不會減少的。

接著來看看因為理解度不足而犯錯的情形。

假設主管要部下「把這份資料送到往來廠商那裡去」，但部下誤送到另一家廠商那裡去。其原因若不是下指令的主管傳達有誤，就是主管沒講錯，部下卻理解錯誤使然。

無論是二者中的哪一種，雙方溝通出問題時，**就只能回溯到當時的情境，一起想想：「那時候，到底是哪裡出了問題？」**

假如回想的結果是對方因為理解不足而搞錯，那下次下指示時就要部下覆述一次，或是主管也再確認一次——只要採取這類對策就行。假如問題出在主管的傳達有誤，那就老實道歉，下次起就用寫在便條紙上之類的方式解決。

為防範這樣的狀況，在直接下指示後，若能再以電子郵件或書面告知，就能更確切傳達。畢竟只以口頭說明還是有它的限度在。尤其是時間、地點、數字，這類容易產生誤解的指示與說明，更是務必要形諸文字。

形諸文字的話，萬一發生什麼問題，就不會陷於「到底那時候是有講還是沒講？」的泥沼當中；另一個好處是，也很容易回頭找出問題出在哪裡。

犯錯或出問題，有各式各樣可能的背景因素。重要的是，要防範於未然，不讓錯誤或問題再次發生。還有，**隱匿錯誤或問題是最糟糕的**。假如組織會追究個人責任，員工一定會有「把問題掩蓋起來」的想法。就算是再小的錯，一旦掩蓋錯誤變成家常便飯，出大錯或大問題時，就同樣也會掩蓋。

為避免這樣的情形發生，只能迅速問出原因，同時擬定防範於未然的對策。

錯誤或問題，對組織或團隊來說，才是最應該要分享的資訊。在MUJIGRAM當中，也有其中一本名叫「危機管理」，它舉出過去發生過的問題，並且詳加介紹當時是如何處理的。出錯或出問題沒什麼好丟臉，重要的是應該把當時的經驗當成資產，用它來打造一個「凡事都會往上報告」的環境。

出錯在所難免，生氣這種表面上的動作，也解決不了什麼。領導者應該謹記著要冷靜以對，畢竟責罵當事人也於事無補。

部下的反駁有八成是對的

「恕我直言，部長……」

假如部下以這樣的口氣提出反對意見，身為主管，很難不覺得自己在職務上的尊嚴受到侵犯，因而想對部下的反對意見「加倍奉還」。

但部下會對主管提出建言，背後必然有相當的原因在。很多時候，我聽過部下的反對意見後，會發現他講的都是對的。以我的認知，如果部下提出的是**「強烈的反對意見」，有八成以上的機率，部下是對的**。

因此，主管的上上之策應該是「豎耳傾聽」部下的反對意見。

或許你會覺得：「我這麼做，不會被部下瞧不起嗎？」但其實你不但不會被瞧不起，反而會贏得部下的信賴。

我在上一本書中也提過，自己很希望「問候」的習慣能夠深植於公司的文化中。

因此，一開始，每天上午八點，我會和其他高階幹部一起站在電梯大廳，向前來上班的員工們問候。

然而，過了沒多久，就有員工提出了意見：「松井先生站在入口處會讓我們一大早就緊張起來。」

這時，要是我否定這樣的意見，表達出：「不，在全公司上下都養成問候的習慣之前，我不會停止這樣的動作。」會如何呢？我這話會馬上讓問候變成一種「強制」。人只要產生「被迫這麼做」的感覺，就很難養成習慣。唯**有他們自動自發產生「我要做」的感受，才會當成是自己的事**。

於是我乖乖聽從大家的意見，改為每個月只站在公司入口一次。

結果現在，公司裡成立了一個負責推廣問候、名為「問候隊」的團體，由員工每天早上輪班站在電梯大廳向大家問候。

尊嚴這種東西，有一半其實是意氣用事。

假如只因為無聊的意氣用事就打壓部下的意見，對公司、團隊或是對領導者自己來說，都不是什麼建設性的行為。說起來，「主管就是對的，部下就是錯的」這種想法，本身就是一種傲慢。

此外，**主管除了必須要捨棄「一點點尊嚴」，同時也必須要捨棄「一點點道理」**。

例如，以前曾有一段時期，只要過了上班時刻，辦公室就鎖上，不讓遲到的員工進來。遲到確實會造成周遭的人困擾，因此把門鎖上的做法乍看之下有道理。但現在如果還採用這種做法，被鎖在門外的員工搞不好隔天就不來公司了。因此不要以「遲到的人有錯」判他的罪，而是要設想如何能讓他不遲到。

重要的不是那一點點道理，而是從宏觀的角度看待事情。

「要尊敬長上」、「我比較有經驗，所以我很懂」就算大肆宣揚這種小小的道理，還是只會讓部下感到不滿，失去追隨主管的意願而已。

但若能豎耳傾聽部下的意見，由於跳脫了立場、利害、人際關係之類的糾葛，很多時候反而能夠觸及問題的本質。一旦採用部下的意見，對團隊或對企業來說，往往可以帶來很大的好處。

好的領導者應該要能為了團隊著想，而捨棄自己的私心。

要徹底追究藉口

出錯或出問題時，人都會不由得想要找藉口。

但是藉口不能聽過就算，必須要「追根究柢」。

不過我指的並非責備找藉口的人，把他逼到牆角，而是要探尋問題發生的原因。

首先，假設有好幾個人都和目前發生的問題有關。

比如說，下單出錯時，除了公司內的相關人之外，也有公司外的相關人。由於再怎麼小心都可能還是會出一次錯，或許可以說聲「下次起要多注意」就算了。但如果同樣的狀況頻繁發生，就不能睜一隻眼閉一隻眼。

這種時候，重要的是**把所有相關人一起找來，在現場確認事實**。往來廠商也一樣，只能拜託他們參加。

先找其中一個人問話，或是全部都問過一輪，都不是解決問題的合適方法。一旦個別提問，大家就都會為了迴避責任而找藉口。這麼一來，就會在供詞中混入個人情感或臆測，導致謊言或是掩蓋行為的出現，問題就在一而再的謊言下複雜化。這會使得我們更難找出問題的根本原因。

所以我才說要把所有人都找來，一面聽他們的說法，像是「不，那時我很明確告知了交期」、「我在下單時也是確認過」等等，一面逐步找尋原因。若能把彼此的下單紀錄等資料一併帶著，將可追蹤實際的前因後果，也就能夠確認到底是在個環節出現認知差異或是錯誤了。

重點在於，問題若發生在工廠，見面地點就約在工廠；若發生在店裡，就約在店裡集合。若為下單出錯，可能會流於「到底是下了單還是沒下單」之類各說各話的情形，因此**直接到現場比對事實確認，事情會比較單純**。

等到找出原因時，也不要以「都是你的因應能力太差」這樣的話責備人，而是要從「今後該如何做」的角度切入，大家一起構思如何防止同樣的錯誤再次出現。這樣，就能在問題複雜化之前把它解決了。

如果什麼資料都沒有，只有口頭承諾而已，問題可能就是這麼發生的。利用資料把往來的機制建得更完備，就是解決之道。

無論如何，**就算責備人的行為，也解決不了問題。我們必須從「不容他人找藉口」的事實上切入，看看要如何改正**。

接著來看純粹出錯或出問題的情形。

假設你交辦給部下整理的資料，他還沒整理好。這名部下若以「因為有其他事情在忙」為藉口，你要怎麼因應呢？

如果你責備他：「做不到就應該和我說做不到，不是嗎？」問題還是無法解決。

假如針對藉口再追下去，應該可以追到「工作太忙」這個藉口背後的真正原因。

可能是這名部下手上的工作量太多，也可能是其他主管也交辦給他什麼工作。或者，搞不好是很基本層次的問題：他不懂怎麼使用PowerPoint。

像這樣探究原因的過程中，主管也會察覺到，自己必須改變下指示給部下的方式。

也或許只是純粹沒告訴部下「在什麼時點以前，我需要這份資料」而已。

但光是告訴部下「趕緊幫我弄」，他也不知道到底是有多急。為了不引起誤解，下指示的人，應該告知最好在什麼時刻之前完成、這份資料是為了什麼目的而準備的，以及在製作的時候該注意哪些事項等等。這是主管基本該做的。

出錯或出問題時，雙方更應該好好溝通。馬虎以對將會導致不信任感產生，使得雙方的關係惡化。

這年頭，接到客訴時，一有通報就要馬上飛奔到顧客那裡了解詳情。同樣的，不消說，一發生什麼問題時，也同樣要最優先處理。

就算可以原諒找藉口，也不能放過對於真正原因的追究。只要抱持這樣的心態，任何問題應該都解決得了。

個性無法改變，但行為可以

我很少大聲罵人，這應該是本公司員工也都認同的。不過，以前卻有一件事曾讓我不由得大聲起來。

那是早先一家往來廠商幫我們舉辦聯歡會時的事。

可能也是趁著幾分酒意吧，我的一個部下對著往來廠商的人說：「今天老子有很重要的事，為何要在這種日子辦聯歡會？」

那天是世足賽的預賽日，日本隊也有賽事。由於他是個熱情的足球迷，我想他是想看電視轉播的比賽吧。

聯歡會結束後，我叫住了他痛罵一頓：「你這傢伙剛才是在講什麼！有病啊！」到現在，都還有部下記得當時的光景，我想那時應該是氣到如熊熊烈火般吧。尤其是「有病啊！」這句話，是我在盛怒之時才會講的。

這個員工的工作表現優秀，對於工作也很投入。但他對部下非常嚴格，也有蔑視往來廠商的這一面。但是在對方幫我們舉辦的慰勞活動中，他連這樣的心態都毫不掩飾，應該是出於過度自信，才會這麼自以為是吧。

但如果他在罵人之後願意自我反省，倒還沒關係。他卻一直在找藉口，日後也一直喋喋不休的發牢騷。這件事讓我深切體會到，無論帶著什麼樣的誠意責罵，人都不是這麼容易就能改變。後來，他就離開無印良品了。

一個人如果有缺點或短處，他身邊的人就會想要幫他改正。

看到個性乖巧的部下，就叫他去做簡報，對他說：「你要習慣在別人面前講話比較好。」看到常粗心犯錯的部下，就要他寫便條紙。但這樣的做法，幾乎都只是白費力氣。

但是我們就連自己的個性都很難改正，要改變別人的個性，根本是不可能的事。別人的短處不是我們能改正的，假如勉強硬要幫人家改正，便會把人家逼到走投無路。

即便如此，我們還是很難對這個人置之不理吧。放任他這樣對他本人不好，對周遭的人也不會帶來好的影響。

那麼，領導者該怎麼做才好？

其實，**我們雖然無法改變別人的個性，卻可以改變別人的行為**。

有兩種方法可以改變別人的行為，一是改變他周遭的環境，二是改變自己對他的看法。

●改變環境

我很不擅長整理東西與整頓環境，我的房間很容易就弄得很凌亂。

但對於在工作中使用，大家共享的文件，我會整理成A4大小的尺寸。因為這樣會比較有效率。

也就是說，雖然我不善於為了「整理」而行動，但如果是為了「效率」而行動，我就能夠維持行為動機。

只要改變環境以維持動機，行為就會改變。

例如，有些人會因為太害怕失敗，變成無法挑戰新工作。既然這樣，那就把環境改變成盡可能讓他「沒必要害怕失敗」就行了。假如有主管或前輩會在開會時炮轟他，或是在他犯錯時嘮嘮叨叨罵個不停，只會讓他不斷退縮而已。為避免這種事發生，就要謹記著「開會時要聚焦在議題本身上」、「就算犯錯，也絕不在大家面前罵他」，並要他本人「試著在開會時發言看看」、「不要害怕失敗，試著挑戰看看」，他的行為就能改變。

如果建立一個機制，讓他報告自己挑戰了什麼，或許也不錯。當部下在每日報告中提及「今天我在會議中提了○○的意見」，就算主管只是說聲「你講得很棒」，就足以提升他下次開會時想要再發言看看的動機。

●改變自己對他的看法

要改變人的個性極其困難，但相較之下，要改變我們自己的看法，就不是那麼難。

只要抱持著稱讚對方長處、凝視其優點的角度就行。

人有一種特性，當長處與短處並存時，說什麼都會容易看向短處。我們比較擅長挑別人的毛病，而不是去看對方的優點。但現在我們要改變自己這樣的觀點。

常有一些人「做事很仔細，但是很花時間」。對於這樣的人，我們要認同他「做事很仔細」的部分。和做事迅速但隨便的人比起來，花時間但較仔細的人，還是比較值得信賴吧。我們不能要求個性慎重的人「請你做事更隨便一點」；同樣的，也無法要做事隨便的人更仔細一些。當我們要求別人改變他無法改變的地方時，很可能連他的優點也都抹煞掉了。

他本人是那樣的個性，我們就如實接受。若希望他縮短做事時間，那就分析「是什麼因素讓他花了比較久的時間」，再構思改善之道。這樣的人，基本上多半是在不那麼重要的作業上多花了些時間，只要讓他們學會訂立優先順序，或許就能學會在適切的時間內完成作業。

習慣了之後，作業時間自然而就能縮短。到那時候，只要再稱讚他「你的速度變快了不少呢」，我想下次起他也會努力盡快把事情完成的。

就像我講的，與其去改變他的個性，還不如設法改變他的行為，會比較容易。這種做法會比從精神面刺激他採取行動要更加務實。

幹勁要從內心產生

很多領導者應該都很煩惱，要如何激發部下的幹勁。

光是講些「要加油」、「我很期待你的表現」之類的鼓勵話，效果維持不了太久。

但報酬或地位也不是隨便說給就能給，而且單靠報酬或地位這樣的胡蘿蔔，也無法讓人動起來。

缺乏幹勁的部下，多半都是對眼前的工作感受不到有值得一做的價值。

有沒有一做的價值，或許取決於當事人的想法；但我認為，周遭的人還是可以幫他創造一個能讓他覺得「這個工作值得一做」的環境。

例如，簡單的作業或是雜事，就很難讓人覺得值得去做。

在無印良品的門市工作中，有一項簡單的作業是疊衣服。假如我們只是要求新進員工「請你把衣服疊好」，他們只會覺得「真麻煩耶」。當顧客拿起衣服看完，店員重新把衣服疊好時，或許還會產生本末倒置的想法：「如果顧客看衣服時能夠維持它的整齊，我們就不必重新疊了啊。」或許也有店員會隨便疊一疊，覺得「有疊就好了吧」。

但唯有好好把衣服疊好、陳列出來，才能讓顧客易於挑選，也才能讓顧客心情愉悅的購物。無印良品店內的氛圍，可以說就是靠著乾淨而整齊的環境才創造出來的。雖然疊衣服或是把亂掉的陳列重新擺好只是很小的作業，但若要創造出讓顧客「想要再次造訪」的氛圍，這卻是極其重要的工作。

或許可以直接實驗看看，任由衣服凌亂的擺著不去整理，和整整齊齊陳列出來，二者的業績會差多少。

唯有把這種作業的目的與重要性告訴員工，他們才能初次理解到，自己的作業「有助於讓顧客心情愉悅的購物」。一旦他們得知自己負責的是重要的工作，就能激發出「值得一做」的感受，他們的幹勁也會跟著出現。

不少人也都很看不起影印文件或泡茶之類的雜事。但影印文件是很重要的工作。要是文件缺了一部分，或是在開會或做簡報時，用到了夾雜錯誤內容的影印稿，也可能造成莫大的損害。

另外，倒茶也屬於讓顧客感受到招待之意的業務工作的一環。若能泡出好喝的茶，或許就能讓顧客相信，「這家公司把員工教育得很好」。

愈是這種小工作，愈容易釐清它真正的價值。知道它的價值後，也就能夠體認到，無論什麼作業都有它的意義，也察覺到自己肩負的也是重要的任務了。

還有另一個方法，是讓員工累積成功體驗。

沒有人不會為自己的成功開心，成就感也最能讓一個人感到「這工作值得做」。

把對他而言有點難度的工作交辦給他，一旦他做到了，再慢慢調高作業的難度。如此反覆之下，他就會感受到自己的成長，並獲得成就感。

相反的，在安排時，如果突然交辦太難的工作，就會把他給摧毀掉，所以必須小心翼翼仔細觀察。另外，在他完成工作時，身旁的人要稱讚他。在這麼細膩的安排下，就算是缺乏幹勁的人，也會燃起他的熱情。

幹勁不是從外部「注入」的。它是從當事人內心產生的，所以我們必須設法引出它來。

帶人不帶心，就無法抓住消費者

商業中最重要的事就是溝通。執行業務的能力倒還其次，只要溝通順暢，大部分工作都能夠有效推動，不會有什麼大問題。

在會議等場合討論，固然也是溝通的重要手段，但光靠這個無法看出對方的真正模樣。

最近，不少年輕人都比較冷漠，覺得和別人「只要在工作上往來就好」，因為他們不擅長參加酒攤之類的活動。原因之一或許在於最近的年輕人不擅長溝通；但也可能是他們不懂得溝通的樂趣使然。

就算參加酒攤，聽到的可能不是主管或前輩對工作的抱怨，就是一些自吹自擂的故事，聽的人也不會覺得有意思吧。很多年輕人可能就是因而排斥酒攤。

如果是這樣，那主管或前輩要多講些有趣的話題，他們就會樂於參加了。找不到人參加酒攤的領導者，或許也是因為自己的人望不足。

是不是因為自己年輕時都是忍著不想去的心情參加酒攤，就覺得現在的年輕人也應該忍耐？如果抱持這種想法，只會離年輕人愈來愈遠。

真要講的話，**一個連部下的心都抓不住的領導者，究竟有沒有可能抓住顧客的心？**

酒攤雖然是早就存在的溝通方式，但畢竟還是有一定的效果。有時候，與其討論一百次，還不如邀一次酒攤，還更能發展出推心置腹談事情的關係。

尤其是剛當上領導者的人，最好積極安排大家一起喝一杯的機會。

因為，這樣可以盡早掌握自己的團隊成員都是些什麼樣的人。在公司假如只講一些無關痛癢的安全話題，大家比較沒辦法敞開心胸交談；但若能講些自己的興趣或是私生活的話題，而非工作的話題，就會比較容易打成一片。

不過，一旦升到像部長這樣的管理職，很難不和部下之間產生距離感，就算邀大家去喝一杯，部下也會敬而遠之吧。無可避免的，我們必須視立場或場合的不同，調整溝通方式。

管理職等級的人，基本上就是必須「透過日常的業務與員工取得溝通」，然後在完成任務之類的特別時點，再另外舉辦慶祝會之類的溝通機會，這樣會是最好的。

另外，酒席的環境也很適於聆聽員工的煩惱。

無印良品目前的常務董事小森孝，負責資訊系統及總務人事的工作。過去他曾在辦公家具製造商等公司服務過，後來轉職進來，被分派到當時擔任物流部長的我這裡。

他有把工作徹底完成的能力，也很優秀，但個性比較敏感些。每當失去自信，他就經常會說「我想辭職」。由於他一有煩惱臉色就蒼白，我一看就知道「他又在煩惱什麼了」。

這種時候，我常會找他喝一杯，聽他說說話。

原來，他曾因為「過去在製造商時的物流知識，在這裡無法適用」而完全失去自信。

由於無印良品的商品從原子筆等小東西到服飾、家具都有，再加上每一種食品的尺寸也都不同，庫存管理與運送的方式，自然也就截然不同。

製造商的產品大致上都是同樣尺寸的貨物，很容易堆在卡車上，積載率通常比較高。積載率高就比較能節省成本，因此我那時的想法是，由他發揮他在製造商時的知識，幫我們開發新的物流系統。我還記得，自己向他做了這樣的說明，也告訴他，周遭的同事沒有把他本人煩惱的事看得那麼嚴重。後來，他從西友的物流中心等單位，學到一些能夠學習的東西，幫我們開發出無印良品特有的物流中心機制。

對每一名部下做好跟催的工作，也是主管的職責。

最近的主管，固然因為自己也必須投入第一線及創造成果，而變得很不容易勝任，但是請謹記，為了順利推動工作，平常如何與部下溝通，還是很重要的。

基本上，就是自己要主動敞開心胸。只要能這麼做，就算得花上一些時間，對方也會對我們敞開心胸的。

結語　讓員工承繼公司理念的關鍵

■預防大企業病的因應之道

由於工作的緣故，我經常有機會向許多企業經營者請教事情。每當我問他們該如何預防大企業病，他們都異口同聲的說：「只能常在公司內部敲響警鐘了。」雖然能透過機制改變是最好的，但目前我還沒有想出好方法。

企業最會大意的時刻，不是在業績惡化的時候，而是在營收與利潤雙雙成長的時候。這時如果高層太過鬆懈，驕傲自大的「大企業病」就會馬上蔓延起來。

因此，我經常提醒自己，也提醒員工：「**就算打了勝仗，也還是要保持警戒。**」

日立製作所前會長川村隆原本一直都在日立服務，升任到副社長之後，便外調到集團企業去，在那裡就任為會長。然而，在二〇〇九年三月底止的會計年度中，日立製作所因為全球金融危機，而發生七千八百七十三億圓的巨額虧損。過沒多久，公司又要他回鍋擔任會長兼社長，他花了兩年讓公司實現V字型復甦。

川村先生察覺到，每當召開高階幹部會議，三十五位幹部一起討論後，政策就會全都「圓滑化」。

所謂的圓滑化，是指按照之前的例子、選擇沒有阻礙的方式推動。這是大企業病最顯著的例子，員工的挑戰精神都將因此喪失。

先前與川村先生同樣外派到集團企業的兩個人也回到總公司，分別擔任副社長。在總計五名副社長的體制下，川村先生和這些副社長一面討論、一面推動改革。於是，日立將事業重心轉向電力、鐵道等工業電力領域，而過程中第一個放棄的就是電視機的版圖。在諸如此類的策略下，漂亮的實現了日立的復活。

我也認為，由員工共同討論經營方針後再做決定，是愚蠢透頂的做法。經營方針必須由高層來決定，而且一定要有稜有角才行。

聽說日立在陷於巨額虧損時，公司內部總算湧現出緊張感，全體員工也也開始抱持危機意識。但據他表示，實現V字型復甦後，大家又馬上鬆懈了。

以人類來比喻，大企業病就像糖尿病一樣。糖尿病只要透過控制飲食、持續運動等方式，在日常生活中多所用心，就能消除症狀。但如果當事人在健檢數據變好後開始鬆懈、偷懶不運動或連日喝酒，要不了多久，病況又會惡化。不過若能維持飲食控制與運動，就能一直保持良好狀態。

對企業來說，運動相當於企業的活性化，飲食療法則相當於節省浪費、徹底追求合理化。我認為能維持這二者，就是讓企業充滿活力、永續經營下去的祕訣。

員工熱愛公司的精神，或許也能預防大企業病。

不過相較之下，在無印良品，員工熱愛公司的精神，或許該算是「熱愛品牌」的精神才對。很多員工本來就是因為對無印良品的概念或商品產生共鳴才進入公司的，因此他們都會強烈想要保護「無印良品」這個品牌，反倒不是「熱愛公司」。所以就算業績惡化、大企業病蔓延，公司還是存有一批員工，秉持著想要設法幫公司解決問題的心態採取行動，帶領公司朝改革邁進。

再者，透過接連不斷的職務輪調，或許也能避免員工培養出一種扭曲的

「熱愛公司精神」。在一般企業中，不少人會一直想方設法讓所屬部門占盡優勢。這些人固然也以公司的品牌自豪，但這樣的心情如果往錯誤的方向發展，就會受困於想要展示權威的意識當中。

要斬斷這樣的意識，透過輪調讓員工不斷洗牌，是最適切的。為了讓員工養成健全的「熱愛公司精神」，在此，我再強調一次，必須學會從整體最適的角度觀察事情。為此，透過輪調讓員工體驗不同單位的工作，是很重要的。

正如古諺「流水不腐」所講，一旦停滯不動，無論是水還是公司，都會出現淤塞的情形，因此必須經常維持流動才行。

大企業病有賴高層睜大眼睛仔細觀察，一發現危險病徵就要馬上摘除。這一點也適用於團隊或部門。

若能照著本書的思維去做，可望讓團隊活性化，也可望創造出讓每個人心情愉悅做事的環境。但如果因此而鬆懈，公司就會馬上亂了套。

根除大企業病需要時間，就算痊癒，也可能會馬上復發——這是領導者應該謹記在心的。

■以傳統精神發揚未來價值

我認為無印良品有著無限的成長空間。

無印良品身處於大量生產、大量消費的時代，是針對追求高級品風潮而誕生的相反命題。成立的時候，是因著「便宜是有原因的」概念，以實惠的價格提供高品質的商品。出於這樣的概念，無印良品向來都秉持著追求簡單、講究功能性的態度。

不過，隨著時代的變化，光是便宜已經不足以保證暢銷。當公司業績惡化時，我們並未改變「便宜是有原因的」這樣的主要思想，而是重新找到次要概念。

現在，無印良品秉持的次要概念是：不講「這個才算好」，而講「這個就很好」。

在此概念定調時，我們的藝術總監原研哉先生說，「這個才算好」帶有些微的自我主義與不協調感；而「這個就很好」則是帶有抑制與讓步的理性在內，但也讓人感覺到一種退而求其次的小小不滿。若能提升這個「就」的水準，就能甩開退而求其次或是不滿的感覺。現在，無印良品每天都在殫精竭智，力求在合理的價格下提供高品質的商品，藉以提升這個「就」的水準。

或許未來有一天，這個概念也會變得不合時代所需。到那時，只要再把概念進化到合於時代就行。就算改變次要概念，只要與無印良品哲學有關的主要概念不變，例如持續生產低價格而高品質、活用天然素材、簡單又合於日常生活的好用商品，我想這個社會還是會繼續接受我們的。

至於海外的消費者，則一直都很接納無印良品。這並非偶然，而是因為我們調整了經營機制。我們或而讓經營機制合乎各國的當地市場，或而在開店前透過調查與分析，藉此構思店裡擺放的商品品項，因此在很多國家都受到歡迎。

還有一個原因就是：全球人們心目中的價值，與無印良品的價值相符。包括中國在內，亞洲各國注重的是「日本製的產品，品質很好」的價值；歐洲認為「出自於日本傳統文化的高尚商品」很有價值；美國則傾向於把「高品質但價格合理的產品」當成實際價值。像這樣在各個國家都有適於無印良品的成長空間，正是我們的魅力所在。

我覺得總有一天，我們的商品將不會再標示無印良品的商標。只要全球人士都了解無印良品的價值觀，看到商品時應該就能得知這是ＭＵＪＩ的東西。

假如企業的概念失去了方向，不妨回想一下過去祖先們的功績。在江戶時代以前、出自專業工匠之手的傳統工藝品中，可以找到線索。由於民族建立起其他國家無與倫比的獨特精神，即便是歐美，自戰前起也一直都很欣賞「日本精神」。從那時開始，日本的製造業就已經實現了兼具好用性並排除累贅部分的出色設計與概念。

我深信，無印良品的哲學與理念就是承繼了那樣的精神，而且在今後的時代也會繼續受到歡迎。為了實現這樣的目標，我們必須培育出足以承繼公司理念的人才。

財經企管 BCB554

無印良品培育人才祕笈

內部覓才 × 職務輪調 × 終身雇用──創造低離職率的育才法則

原著書名 ── 無印良品の、人の育て方 “いいサラリーマン”は、会社を滅ぼす
作者 ── 松井忠三
譯者 ── 江裕真
總編輯 ── 吳佩穎
責任編輯 ── 蔡旻峻（特約）、楊逸竹
封面設計 ── 空白地區

出版者 ── 遠見天下文化出版股份有限公司
創辦人 ── 高希均、王力行
遠見・天下文化・事業群 董事長 ── 高希均
事業群發行人／CEO ── 王力行
天下文化社長── 林天來
天下文化總經理 ── 林芳燕
國際事務開發部兼版權中心總監 ── 潘欣
法律顧問 ── 理律法律事務所陳長文律師
著作權顧問 ── 魏啟翔律師
社址 ── 臺北市 104 松江路 93 巷 1 號
讀者服務專線 ── 02-2662-0012
傳真 ── 02-2662-0007；02-2662-0009
電子郵件信箱 ── cwpc@cwgv.com.tw
直接郵撥帳號 ── 1326703-6 號 遠見天下文化出版股份有限公司

電腦排版 ── 中原造像股份有限公司
製版廠 ── 中原造像股份有限公司
印刷廠 ── 中原造像股份有限公司
裝訂廠 ── 中原造像股份有限公司
登記證 ── 局版台業字第 2517 號
總經銷 ── 大和書報圖書股份有限公司｜電話 ── 02-8990-2588
出版日期 ── 2020 年 9 月 11 日第一版第九次印行

國家圖書館出版品預行編目(CIP)資料

無印良品培育人才祕笈：內部覓才×職務輪調×終身雇用──創造低離職率的育才法則 / 松井忠三著；江裕真譯. --第一版. -- 臺北市：遠見天下文化, 2015.08
面； 公分. -- (財經企管；BCB554)
譯自：無印良品の、人の育て方："いいサラリーマン"は、会社を滅ぼす
ISBN 978-986-320-796-2(平裝)

1.無印良品公司 2.人事管理 3.人才

494.3 104014169

定價 ── NT$ 320
ISBN ── 978-986-320-796-2
書號 ── BCB554
天下文化官網 ── bookzone.cwgv.com.tw